高职高专特色实训教材

数控编程实训教程

赵显日 主 编
赵玉朋 侯海晶 副主编
牛永鑫 主 审

化学工业出版社
·北京·

本书以数控车床、数控铣床操作工岗位所必备的知识与技能为基础，依据数控车工、数控铣工国家标准，按照项目化实训编写而成。

本书基于FANUC系统，介绍了数控车床、数控铣床典型零件的手工编程方法，并使用数控加工仿真软件进行仿真加工。

全书内容包括数控编程实训须知、数控车床编程训练项目和数控铣床编程训练项目等。

本书突出应用性、实用性、综合性和先进性，注重学生技能训练与综合能力培养，读者可通过手机扫描二维码获取学习资讯，访问在线资源。

本书可作为职业院校数控技术、机械制造与自动化、机电一体化、模具设计与制造等专业的实训教材，也可供相关人员岗位培训、技能鉴定等使用。

图书在版编目（CIP）数据

数控编程实训教程/赵显日主编．—北京：化学工业出版社，2017.8）
高职高专特色实训教材
ISBN 978-7-122-29946-8

Ⅰ．①数…　Ⅱ．①赵…　Ⅲ．①数控机床-程序设计-高等职业教育-教材　Ⅳ．①TG659

中国版本图书馆CIP数据核字（2017）第136749号

责任编辑：高　钰　　文字编辑：陈　喆
责任校对：王素芹　　装帧设计：刘丽华

出版发行：化学工业出版社（北京市东城区青年湖南街13号　邮政编码100011）
印　　刷：北京永鑫印刷有限责任公司
装　　订：三河市宇新装订厂
787mm×1092mm　1/16　印张 $9^{1}/_{4}$　字数227千字　2017年9月北京第1版第1次印刷

购书咨询：010-64518888（传真：010-64519686）　售后服务：010-64518899
网　　址：http://www.cip.com.cn
凡购买本书，如有缺损质量问题，本社销售中心负责调换。

定　　价：30.00元

前　言

随着计算机技术的迅速发展，数控技术已广泛应用于机械制造业中，成为制造业现代化的重要基础。随着数控机床的发展与普及，需要大批高素质的数控机床编程与操作人员。

本书以数控机床操作工岗位所必备的知识和技能为基础，依据数控车工、数控铣工国家标准，按照项目化实训教材编写思路编写而成。本书特色如下：

尽可能采用图、文、表并茂的表达形式，使内容精练明了，增强可读性；通过通俗、简洁的语言描述，详细的操作步骤，配合手机二维码扫描，使学习更简单；选择具有通用性、代表性和实效性的典型工作任务，反映技术要点，突出关键技能训练；每个学习任务后安排了同步训练，读者可以举一反三、学练结合。本书内容全面、重点突出、深入浅出、循序渐进。实训结束后，学生可以参加劳动社会保障部组织的“数控车床操作工”“数控铣床操作工”职业技能鉴定，并为数控加工综合实训、顶岗实习及从事专业工作奠定基础。

本书可作为《零件数控车削编程与加工》、《零件数控铣削编程与加工》项目化教材的辅助教材配套使用，也可作为技能培训教程单独使用。

本书由辽宁石化职业技术学院赵显日主编，东营职业技术学院赵玉朋、辽宁石化职业技术学院侯海晶任副主编。具体编写分工如下：赵显日编写第1章、第2章，赵玉朋编写第3章3.1～3.6节，侯海晶编写第3章3.7节，辽宁石化职业技术学院刘爽、汉拿机电有限公司朱印宏编写附录，辽宁石化职业技术学院孙建参与二维码教学视频制作。

本书由辽宁石化职业技术学院牛永鑫主审，辽宁石化职业技术学院穆德恒提供二维码技术支持。在编写过程中，得到辽宁石化职业技术学院杨红义、崔大庆及东营联大职业培训学校杨贝贝的大力支持。对此表示衷心感谢！

由于编者水平有限，书中难免存在不足之处，敬请广大读者批评指正。

编者

2017年2月

目 录

第1章 数控编程实训须知 1

1.1 数控编程实训室简介 …… 1
1.2 数控加工仿真软件的安装与进入 …… 1
1.3 数控编程实训守则 …… 3
1.4 数控编程实训考核 …… 4

第2章 数控车床编程训练项目 5

2.1 阶梯轴的编程 …… 5
2.2 槽面、锥面零件的编程 …… 16
2.3 圆弧面零件的编程 …… 22
2.4 复杂轮廓面零件的编程 …… 27
2.5 锻铸毛坯零件的编程 …… 34
2.6 普通螺纹零件的编程 …… 39
2.7 简单套零件的编程 …… 47
2.8 复杂套零件的编程 …… 53
2.9 特殊曲面零件的编程 …… 60

第3章 数控铣床编程训练项目 67

3.1 平面的编程 …… 67
3.2 外轮廓零件的编程 …… 77
3.3 内轮廓零件的编程 …… 82
3.4 孔类零件的编程 …… 88
3.5 综合件的编程 …… 93
3.6 薄壁零件的编程 …… 100
3.7 椭圆零件的编程 …… 105

附 录 111

附录1 本书二维码信息库 …… 111
附录2 数控车床、数控铣床G指令 …… 115
附录3 数控车床、数控铣床操作 …… 123

参考文献 142

数控编程实训须知

1.1 数控编程实训室简介

数控编程实训室主要进行机械类、近机械类相关专业的“数控编程与加工”“CAD/CAM 技术”等课程的“教、学、做”一体化教学，同时承担机械制造类的数控加工培训及技能竞赛，并进行车工、铣工（数控方向）职业技能鉴定等。

数控编程实训室主要开设数控车床编程实训、数控铣床 / 加工中心编程实训、CAD/CAM 实训等项目，此外还进行职业技能强化训练等。通过数控编程训练，掌握数控机床的编程方法，熟悉多种数控机床的操作，实现在工业机床上零件加工的无缝对接。

数控编程实训室如图 1-1 所示，设备包括：多媒体讲台 1 套（含教师机、投影机、音频输入和电源管理等）、学生计算机 40 台、多端口千兆网络交换机 1 台、教学用电子白板 1 套、多媒体网络教学软件、30 点“VNUC5.0 仿真软件”1 套、40 点“宇龙数控加工仿真软件”1 套。其中宇龙数控加工仿真软件可以对数控车床、数控铣床、卧式加工中心、立式加工中心等机床进行编程和仿真操作；提供的数控系统包括 FANUC、SIEMENS、三菱、华中数控、广州数控、大森数控等。

图 1-1 数控编程实训室

1.2 数控加工仿真软件的安装与进入

数控加工仿真软件有多种，如北京市斐克科技有限责任公司制作的 VNUC 数控加工仿真软件、上海宇龙软件工程有限公司制作的宇龙数控加工仿真软件等。本教程基于广泛使用的宇龙数控加工仿真软件进行数控编程训练。

（1）宇龙数控加工仿真软件的安装

① 将“宇龙数控加工仿真软件”的安装光盘放入光驱。在“资源管理器”中单击“光盘”，在显示的文件夹目录中单击“宇龙数控加工仿真软件”文件夹。或者解压“宇龙数控加工仿真软件”安装包。

② 双击 程序图标，系统弹出“安装向导”界面，接着弹出“欢迎”界面，如图 1-2 所示，单击“下一步”按钮；在弹出的设置类型对话框中选择设置类型，如教师机，如图 1-3 所示。

图 1-2 “宇龙数控加工仿真软件”安装界面

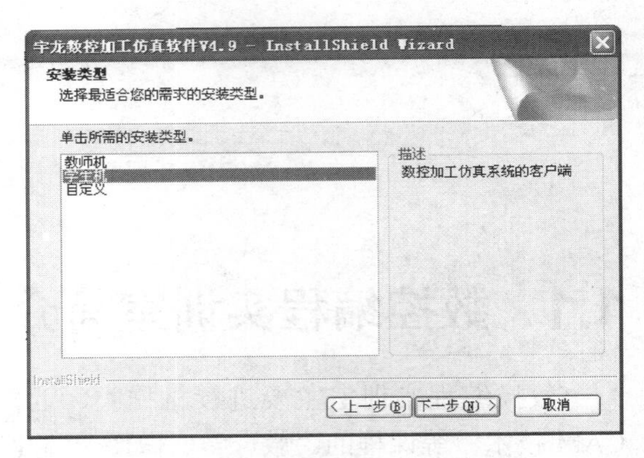

图 1-3 “安装类型”对话框

③ 单击“下一步”按钮，弹出“软件许可证协议”界面，单击“我接受许可证协议中的条款（A）”按钮；弹出“选择目的地位置”界面，在“目的地文件夹”中单击“浏览”按钮，选择所需的目标文件夹，默认的是“C:\Program Files \ 宇龙数控加工仿真软件 V4.9”，目标文件夹选择完成后，单击“下一步”按钮，如图 1-4 所示。

④ 系统进入“可以安装程序”界面，单击“安装”按钮，此时弹出宇龙数控加工仿真软件的安装界面，单击“下一步”按钮，弹出“驱动安装向导”界面，如图 1-5 所示。

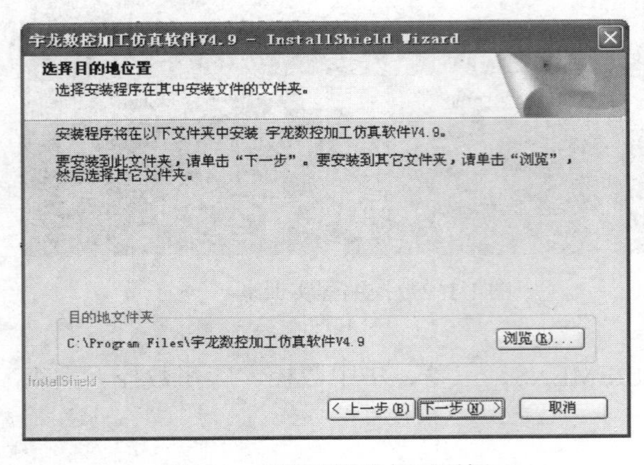

图 1-4 安装路径选择对话框

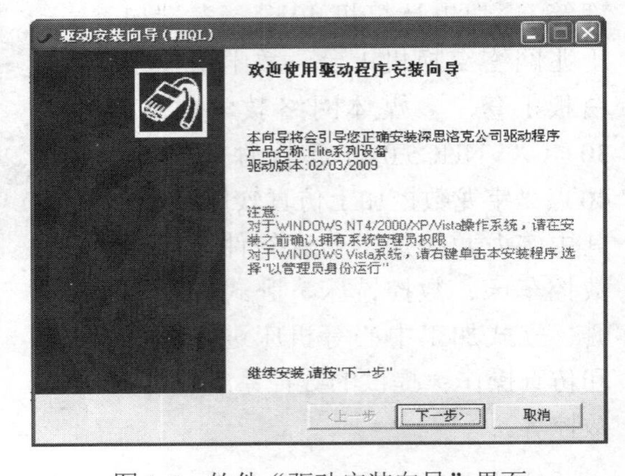

图 1-5 软件“驱动安装向导”界面

⑤ 单击“下一步”按钮，弹出“选择安装参数”界面，如图 1-6 所示；单击“下一步”按钮，进行安装，安装完成后，界面如图 1-7 所示。

⑥ 单击“完成”按钮，弹出询问“是否在桌面上创建快捷方式？”的对话框，创建完快捷方式后，单击“完成”按钮，仿真软件安装完毕。

图 1-6 “选择安装参数”界面

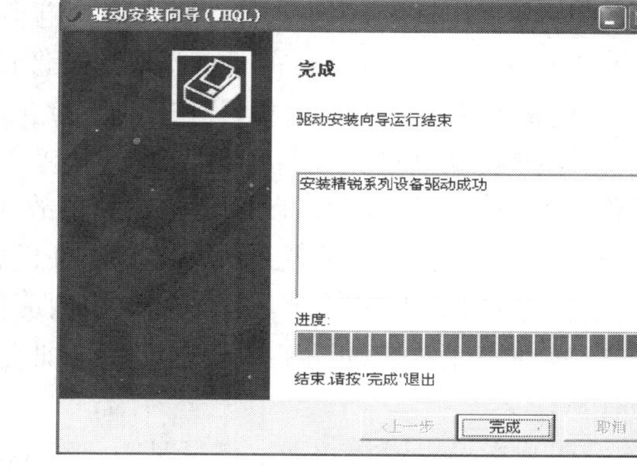

图 1-7　软件安装完成界面

（2）宇龙数控加工仿真软件的进入

① 依次单击“开始”→“程序”→“数控加工仿真系统”→“加密锁管理程序”菜单项，如图 1-8 所示。

② 第一次启动“加密锁管理程序”，弹出注册窗口，如图 1-9 所示，在“注册码”栏，正确输入上海宇龙软件工程有限公司提供的注册码后，启动加密锁管理程序，此时屏幕右下角的工具栏中将出现“☎”图标。

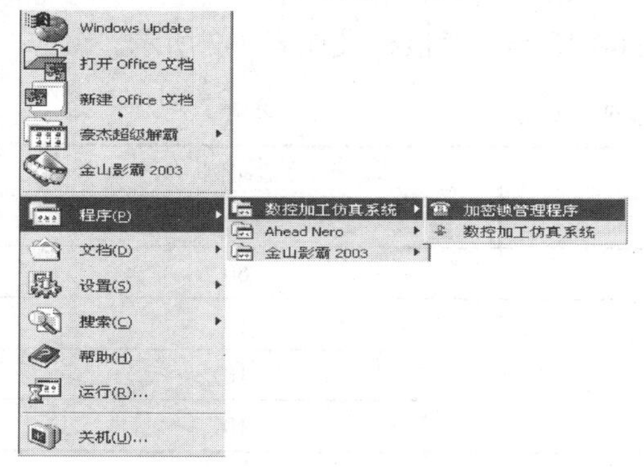

图 1-8　进入宇龙数控加工仿真系统操作

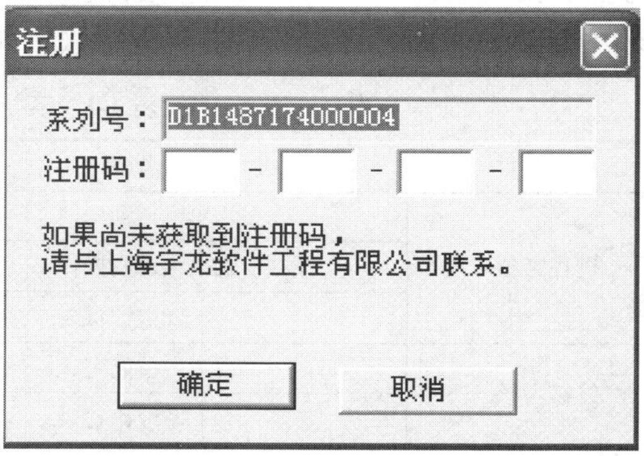

图 1-9 “注册”界面

③ 运行宇龙数控加工仿真软件时，依次单击“开始”→“程序”→“数控加工仿真系统”→“数控加工仿真系统”菜单项，系统将弹出“用户登录”界面，单击“快速登录”按钮进入宇龙数控加工仿真软件的操作界面，或通过输入用户名和密码，再单击“确定”按钮，进入宇龙数控加工仿真系统。

注：在局域网内使用该软件时，必须先在教师机上启动“加密锁管理程序”，待教师机屏幕右下角的工具栏中出现“☎”图标后，方可在学生机上依次单击“开始”→“程序”→“数控加工仿真系统”→“数控加工仿真系统”登录到软件的操作界面。

1.3　数控编程实训守则

进入数控编程实训室应尊守实训守则。

① 遵守实训室各项规章制度，明确实训目的、任务和要求。

② 保持工作环境（如电脑、电脑桌、电子讲台、地面等）洁净，不得将书报、体育用品等与实训无关的物品带入实训室，严禁携带食物及饮料进入实训室。

③ 设备使用要求定人定机，使用前后检查设备是否完好，并填写设备使用记录。

④ 爱护实训室设施设备，不得私自拆卸和连接各种硬件设备，发生设备故障，立即停止操作，并报告指导教师，以便及时排除事故或关机待修。

⑤ 不得私自更改、设置系统参数，不许任意添加计算机口令、安装软件、删除文件等。

⑥ 努力创造良好的实训环境，实训室内应保持安静，不得喧哗、打闹。

⑦ 实训操作时，勤动手，多思考，仔细观察，善于分析，认真如实完成工作任务，并上交任务成果。

⑧ 服从指导，遵守实训室作息时间，有事、生病要请假。

⑨ 实训完毕，值胜负责打扫卫生、整理公共物品，做好值日记录并检查水、电、窗、门是否关闭。

⑩ 及时记录实训结果，最终形成完整的实训报告，按时交教师批阅。

1.4 数控编程实训考核

数控编程实训采用过程考核和终结考核相结合的方式对实训效果进行评定。其中，过程考核包括考勤纪律、过程操作、实训报告等，占总成绩的80%；终结考核包括技能考试、理论答辩，占总成绩的20%。考核成绩比例如表 1-1 所示，考核标准如表 1-2 所示。

表 1-1 实训考核成绩比例

考核项目	考核内容	分值比例 /%
过程考核	考勤纪律	10
	过程操作	60
	实训报告	10
终结考核	技能考试	10
	理论答辩	10

表 1-2 实训考核标准

考核内容	考 核 标 准
考勤纪律	旷课每次扣 2 分，迟到、早退每次扣 1 分，病事假每次扣 0.5 分
过程操作	根据实训任务完成结果评定，取单项成绩的算术平均值
实训报告	要求字迹工整、绘图规范、表达正确、内容完整。报告内容包括实训目的、实训任务、任务实施过程、实训总结等
技能考试	现场抽取考核题目，按职业技能鉴定标准评分
理论答辩	现场抽取理论考核题目，每人 5 题，每题 2 分，共 10 分

数控车床编程训练项目

2.1 阶梯轴的编程

【任务描述】

① 零件图样：如图 2-1 所示；

② 毛坯尺寸：ϕ30mm×60mm；

③ 毛坯材料：45 钢；

④ 考核要求：制定数控加工工艺方案，编写数控加工程序，仿真加工，达到图样技术要求。

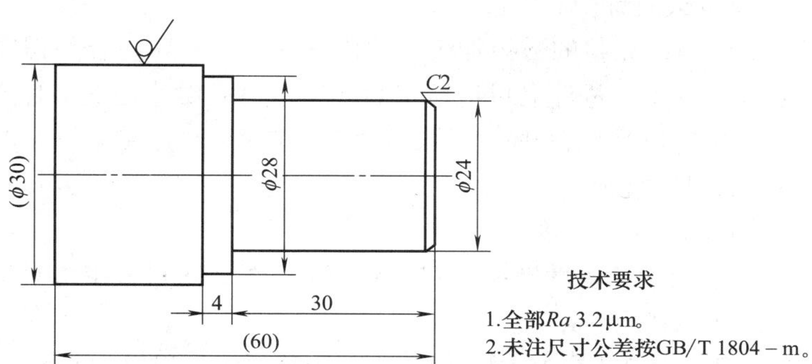

图 2-1 阶梯轴零件图

【任务目标】

① 学会数控加工仿真软件的使用；

② 认识数控车床面板，掌握面板操作；

③ 学会外圆车刀对刀操作；

④ 学会阶梯轴加工工艺方案制定；

⑤ 学会阶梯类零件加工走刀路线绘制及数值计算；

⑥ 掌握数控加工程序结构、数控车床编程特点；

⑦ 正确编写阶梯类零件数控加工程序；

⑧ 学会在数控加工仿真软件上进行质量检测的方法。

【相关知识】

（1）数控车床编程基础

① 数控车床坐标系与机床参考点：数控车床 Z 坐标的运动由传递切削动力的主轴决定，与主轴轴线平行；X 轴平行于工件装夹面并与 Z 轴垂直；数控机床规定以刀具远离工件的方向为坐标轴的正方向；数控机床坐标原点由生产厂家确定。数控车床坐标系如图 2-2 所示。

数控机床的参考点是一个物理点，其位置取决于机械挡块或行程开关的位置。数控机床开机后通过回参考点操作建立机床坐标系。

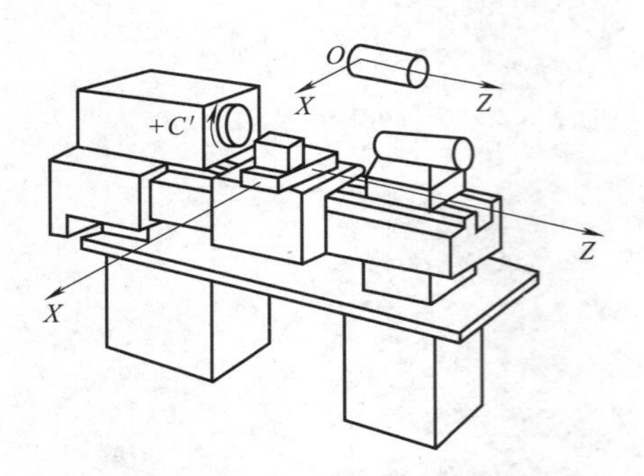

(a) 水平床身前置刀架式数控车床坐标系

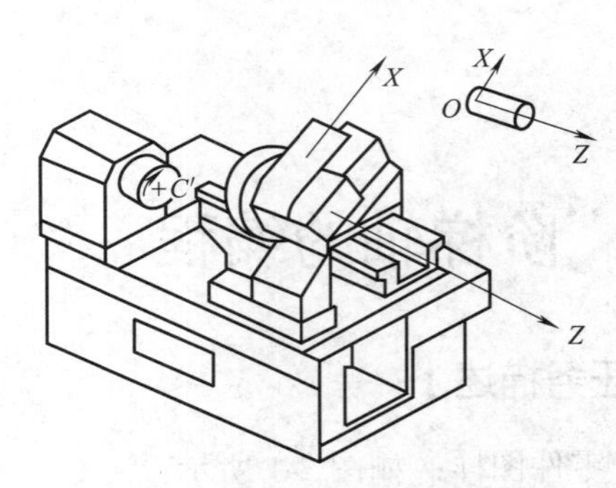

(b) 倾斜床身后置刀架式数控车床坐标系

图 2-2 数控车床坐标系

② 工件坐标系：工件坐标系的坐标方向与机床坐标系的坐标方向一致，坐标原点一般设在工件图样的设计基准或对称中心上。

③ 数控加工程序结构：完整的数控加工程序由程序名、程序内容和程序结束指令三部分组成。以 FANUC 系统为例，程序名以地址字 O 或 P 及 4 位数字组成，程序内容以程序段号“N…”开头（有时可省略），以程序段结束符“；”结束，程序结束以 M02 或 M30 表示。

④ 数控车床编程有以下规则。

a. 径向尺寸以直径量表示。

b. 绝对坐标以 X、Z 表示，增量坐标以 U、W 表示；编程时可采用绝对坐标、增量坐标编程，也可采用混合坐标编程。

c. FANUC 系统数控车床编程输入的坐标数值加小数点时，单位为 mm；以整数编程时，单位为脉冲当量。

⑤ 数控车床的五大功能。

a. 准备功能指令见附录。

b. 辅助功能指令如表 2-1 所示。

c. 进给功能用于指令刀架的进给速度，进给速度的单位有两种，即每分钟进给（mm/min）和每转进给（r/min），FANUC 系统分别用 G98 和 G99 指定；系统开机后默认 G99。

d. 主轴功能用于指令主轴速度，主轴速度的单位有两种，即恒线速（m/min）和恒转速（r/min），FANUC 系统分别用 G96、G97 指定；系统开机后默认 G97。

e. 刀具功能用于指令刀具号和刀具补偿号，FANUC 系统以 T×××× 表示。

表 2-1　FANUC 系统 M 指令及其功能

代码	功能	备注	代码	功能	备注
M00	程序停止	非模态	M07	2 号切削液开	模态
M01	程序选择停止	非模态	M08	1 号切削液开	模态
M02	程序结束	非模态	M09	切削液关	模态
M03	主轴顺时针旋转	模态	M30	程序结束并返回程序头	非模态
M04	主轴逆时针旋转	模态	M98	子程序调用	模态
M05	主轴旋转停止	模态	M99	子程序调用返回	模态

（2）编程指令

① 快速定位 G00 指令。

指令格式：G00 X（U）__ Z（W）__；

其中 X、Z 为目标点的绝对坐标；U、W 为目标点的增量坐标。

② 直线插补 G01 指令。

指令格式：G01 X（U）__ Z（W）__ F__；

其中 X、Z 为目标点的绝对坐标；U、W 为目标点的增量坐标；F 为进给速度。

扫描二维码 M2-1，查看 G00、G01 指令的功能及其应用。

M2-1　G00、G01 指令应用

（3）数控车床仿真加工

本教材基于宇龙数控加工仿真软件，以 FANUC 0i 数控车床为例，介绍数控车床仿真加工。

① 进入数控加工仿真系统。依次单击“开始”→“程序”→“数控加工仿真系统”→“数控加工仿真系统”菜单项，如图 2-3 所示，系统弹出“用户登录”对话框，单击“快速登录”按钮进入数控加工仿真系统操作界面。

② 选择数控机床。单击菜单栏中的“机床”→“选择机床…”选项，在“选择机床”对话框中选择控制系统类型和相应的机床，如图 2-4 所示，单击“确定”按钮，显示所选数控车床。

图 2-3　进入数控加工仿真系统

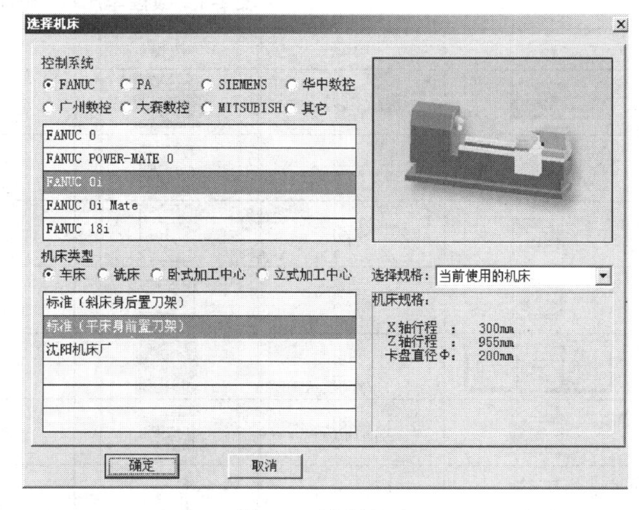

图 2-4　选择机床

③ 数控车床操作面板介绍。数控车床操作面板如图 2-5 所示，它由系统操作面板和机床控制面板组成。

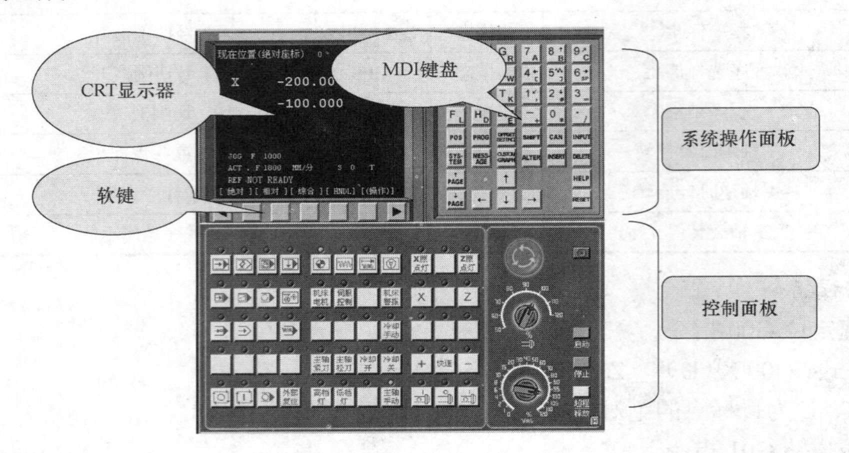

图 2-5 数控车床操作面板

系统操作面板按键功能如表 2-2 所示，控制面板按键功能如表 2-3 所示。

表 2-2 FANUC 0i 系统 MDI 键盘按键功能

按键	功能	按键	功能	按键	功能
X U / 1 ,	地址 / 数字键	EOB E	换行键	SHIFT	换档键
INPUT	输入键	CAN	取消键	ALTER	替换键
INSERT	插入键	DELETE	删除键	RESET	复位键
HELP	帮助键	↑ ← ↓ →	光标移动键	↑ PAGE ↓ PAGE	前、后翻页键
POS	显示位置	PROG	显示程序	OFFSET SETTING	显示刀偏 / 设定

表 2-3 数控车床控制面板按键功能

按键	功能	按键	功能	按键	功能
	系统电源开		系统电源关		急停
	回参考点		手动		手轮
	寸动	X	*X* 方向键	Z	*Z* 方向键
	自动		编辑		单动
	主轴正转 / 停止 / 反转		主轴转速调整		进给倍率开关
	单节执行		单节跳过		选择性停止
	循环启动		循环保持		

④ 数控车床开机操作：按“启动”键，此时“机床电机”和“伺服控制”的指示灯变亮，松开“急停”键，完成开机操作。

⑤ 数控车床回参考点操作。按“回参考点”键，按“X 轴选择”键，此时 X 轴方向移动指示灯变亮，按 X 轴正方向键，使 X 轴回参考点灯变亮，完成 X 轴回参考点操作。同样，按键，再按键，Z 轴回参考点灯变亮，完成 Z 轴回参考点操作。

注意：回参考点操作时先使 X 轴回参考点，后使 Z 轴回参考点；刀架移开参考点时，先移动 Z 轴，后移动 X 轴。

⑥ 选择并安装毛坯。单击菜单栏中的“零件”→“定义毛坯”选项，弹出“定义毛坯”对话框，根据加工要求选择内容，单击“确定”按钮，选择毛坯；单击菜单栏中“零件”→“放置零件”选项，弹出“选择零件”对话框，单击列表中所需的零件；在弹出的键盘中通过方向按钮移动零件或使零件调头，如图 2-6 所示。

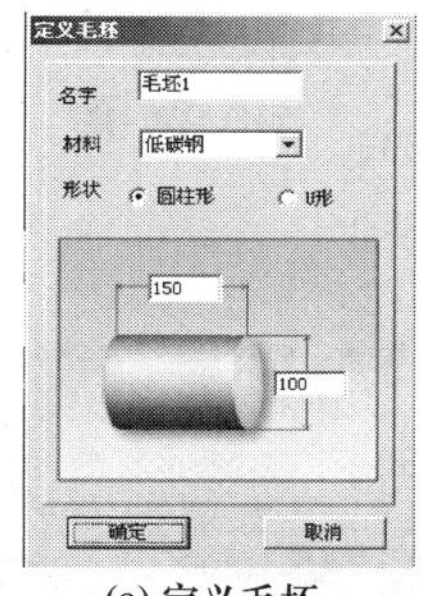

(a) 定义毛坯

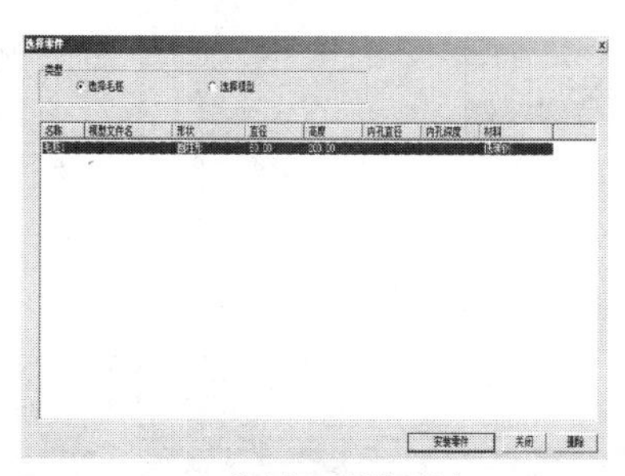

(b) “选择零件”列表

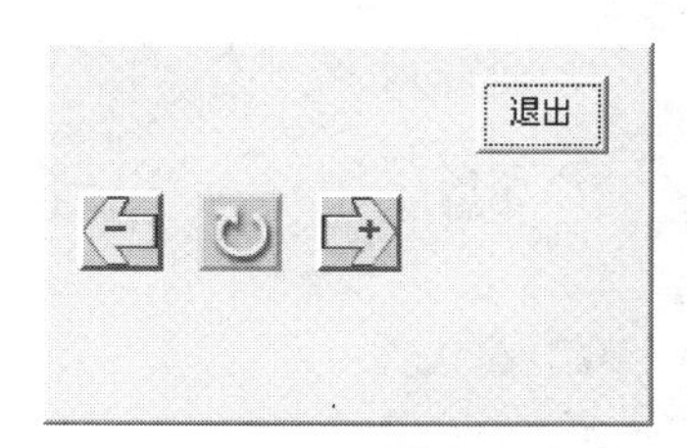

(c) 移动零件对话框

图 2-6　选择并安装毛坯

⑦ 选择刀具。单击菜单栏中的“机床”→“刀具选择”选项，弹出“刀具选择”对话框，根据加工需要选择刀片、刀柄，变更“刀具长度”和“刀尖半径”值，单击“确定”按钮，如图 2-7 所示。

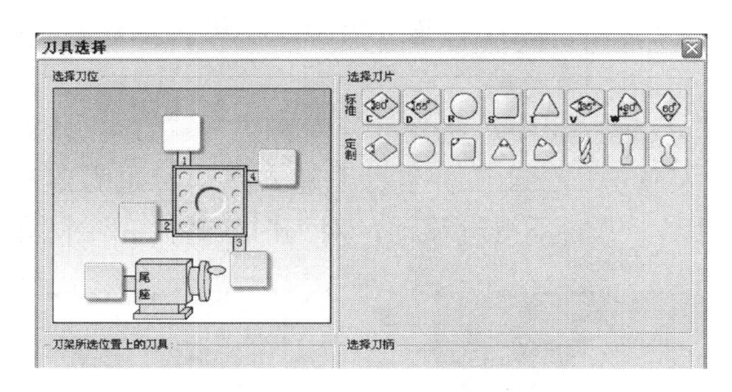

图 2-7　选择刀具

以上数控车床基本操作，可以通过扫描二维码 M2-2 查看。

M2-2　数控车床基本操作

⑧ 对刀并建立工件坐标系。下面以外圆车刀建立 G54 工件坐标系为例，说明对刀操作过程。

Z 方向对刀操作步骤如下。

a. 按键，进入手动操作模式；按主轴旋转键，使主轴转动；按 *X*、*Z* 方向移动键，移动刀架；试切工件端面，至中心，使刀具沿 *X* 轴正方向退出，如图 2-8（a）所示；按主轴停止键。

b. 按“刀具偏置”键，进入“工具补正 / 磨耗”界面，如图 2-8（b）所示，按［坐标系］软键。

c. 将光标移到番号（G54）的 *Z* 位置处，输入“Z0.”，按［测量］软键，完成 *Z* 方向对刀操作，如图 2-8（c）所示。

注意：*Z* 方向对刀时，试切端面后，刀具沿 *X* 轴正方向退出，此时 *Z* 方向不得移动。

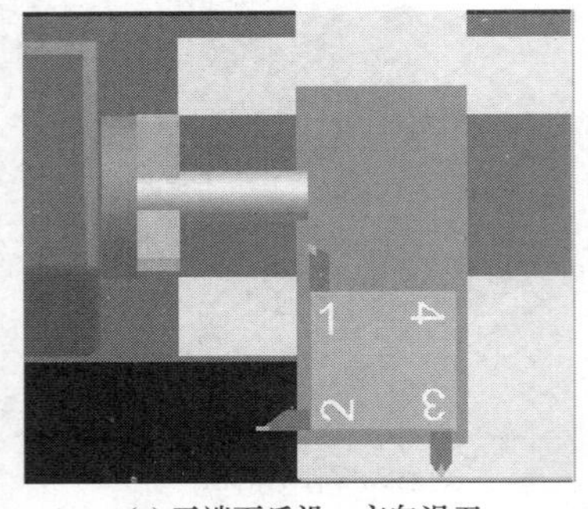

(a) 平端面后沿 *X* 方向退刀

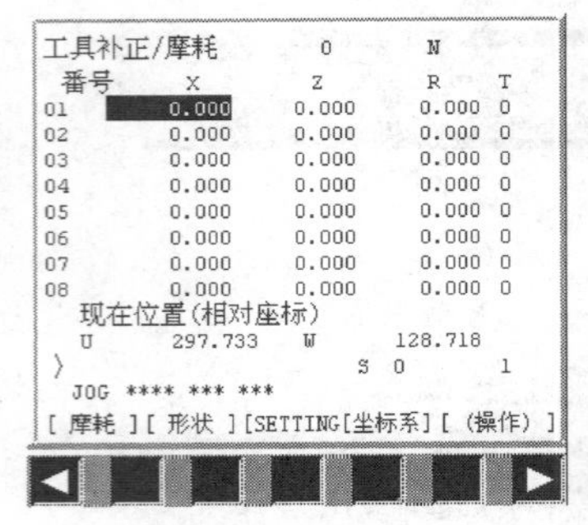

(b) 工具补正/磨耗界面

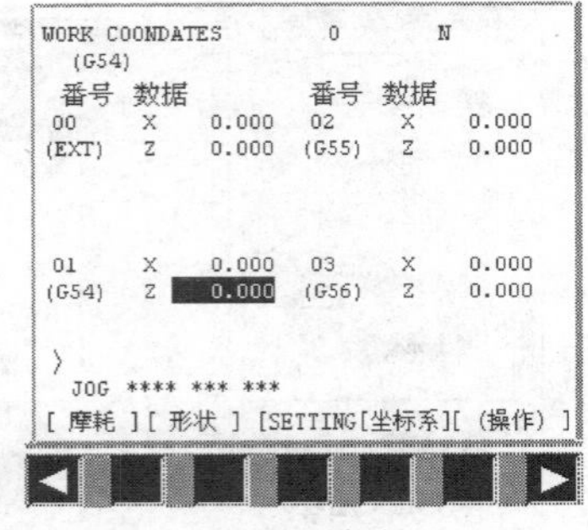

(c) G54界面

图 2-8 *Z* 方向对刀操作

X 方向对刀操作步骤如下。

a. 试切外圆，*X* 方向保持不变，刀具沿 *Z* 方向退出，如图 2-9（a）所示。

b. 单击菜单栏“测量”→“剖面图测量”选项，单击试切外圆时所切线段，记下测量直径值。

c. 在“工件坐标系”设定界面中，将光标移动到番号（G54）的 *X* 位置处，输入“X 测量直径值”，单击［测量］软键，G54 工件坐标系建立完毕，如图 2-9（b）所示。

注意：*X* 方向对刀时，*X* 方向不得有移动；对刀时应输入刀尖圆角半径及刀位号。

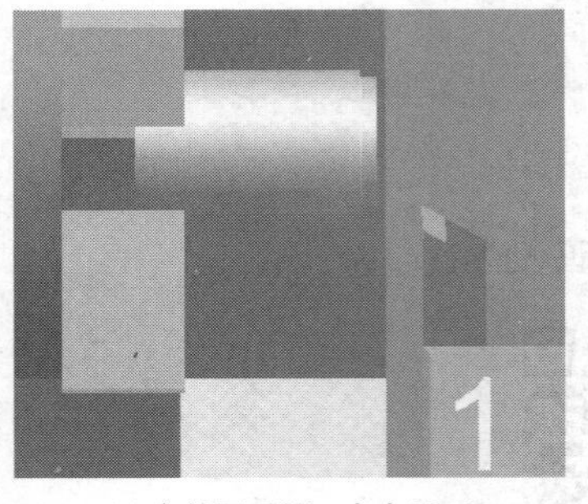

(a) 车外圆后沿 *X* 方向退刀

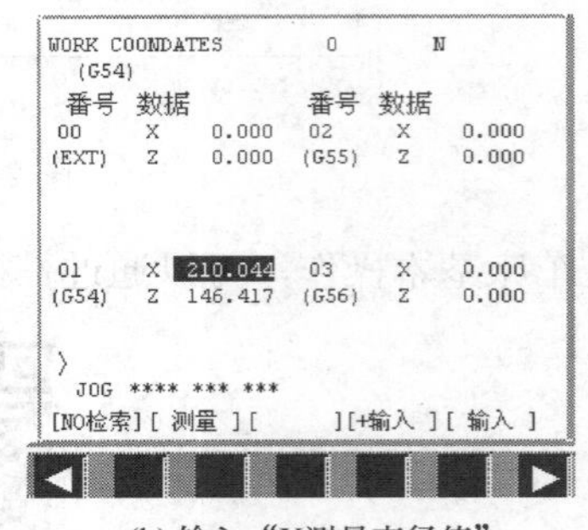

(b) 输入“X测量直径值”

图 2-9 *X* 方向对刀操作

对刀完毕，一般进行对刀检验，外圆车刀对刀检验步骤如下。

按“MDI”键，按“程式”键，输入“G54G00X0.Z10.0M03S800T0101”至缓冲区，按“输入”键，移动光标至程序头，如图 2-10 所示，按“循环启动”键；检验结果。注意：用于对刀检验的坐标点应是安全、可检测的。

外圆车刀对刀操作可通过扫描二维码 M2-3 查看。

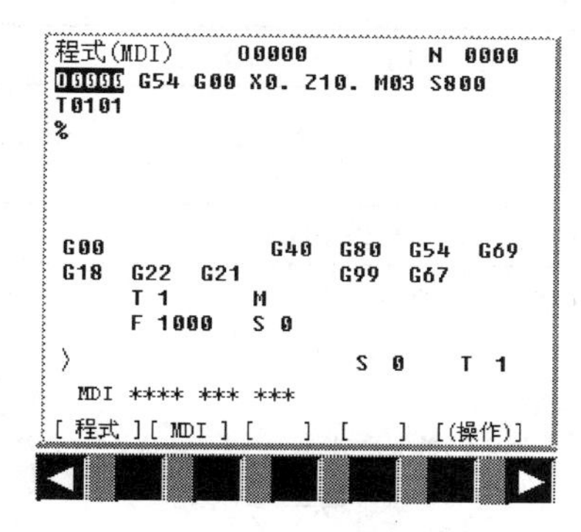

图 2-10　对刀检验

M2-3　外圆车刀对刀操作

⑨ 数控加工程序录入。数控加工程序可通过记事本或写字板等编辑软件导入到数控加工系统中，操作步骤如下：单击“编辑”键，按“程式”键，再按软键［操作］，在出现的下拉子菜单中按扩展键，按菜单软键［READ］，按“数字 / 字母”键，输入“O××××”（程序号），按软键［EXEC］，点击菜单“机床 /DNC 传送”，在弹出的对话框中选择所需的 NC 程序，单击“打开”按钮，则数控程序被导入并显示在 CRT 界面上。此时记事本或写字板应保存为（*.txt）文本格式。

数控程序也可用 MDI 键盘输入：按“编辑”键，按“程式”键，用 MDI 键盘输入程序号，按“输入”键，CRT 界面上将显示一个空程序，可以通过 MDI 键盘开始程序输入。输入一段代码后，按“输入”键，则缓冲区的内容将显示在 CRT 界面上，用“回车换行”键结束一行的输入后换行。

⑩ 运行程序。打开 NC 程序，光标移动到程序头。按“自动运行”键，按“循环启动”键，程序开始执行。当按“进给保持”键时，程序停止执行；再按“循环启动”键，程序从暂停位置开始执行。在自动运行时，按“单段执行键”，程序单段运行。

数控加工程序录入与运行操作可通过扫描二维码 M2-4 查看。

M2-4　数控加工程序录入与运行

⑪ 关机操作。关机操作步骤与开机顺序相反，即先按“急停”键，后按“系统停止”键。

【任务实施】

（1）制定工艺方案

阶梯轴加工工艺方案如表 2-4 所示。

表 2-4　阶梯轴加工工艺方案

项目	说　明
设备选择	FANUC 0i 数控车床
刀具选择	T1：93° 外圆车刀
工件装夹	三爪自定心卡盘直接装夹，保证毛坯伸出卡盘外 40mm
工件坐标原点设定	工件坐标原点取零件右端面与回转轴线的交点 Z X
加工方案	平右端面→粗车 ϕ28mm 外圆→粗车 ϕ24mm 外圆→精车外轮廓
切削用量选择	平端面：n=600r/min，f=0.1mm/r 粗加工外轮廓：n=900r/min，f=0.2mm/r，a_p=2.0mm 精加工外轮廓：n=1300r/min，f=0.1mm/r，精车余量 0.5mm

（2）数值计算

阶梯轴加工运行轨迹及其坐标计算如表 2-5 所示。

表 2-5　阶梯轴加工运行轨迹及其坐标计算

加工顺序	运行轨迹	坐标值
平右端面	C D Z B A X	起刀点 A (35.0, 3.0) → B (35.0, 0) → C (−1.0, 0) → D (−1.0, 3.0) → A (35.0, 3.0)
粗车 ϕ28mm 外圆	Z F E G A X	起刀点 A (35.0, 3.0) → E (28.5, 3.0) → F (28.5, −33.8) → G (35.0, −33.8) → A (35.0, 3.0)

续表

加工顺序	运行轨迹	坐标值
粗车 ϕ20mm 外圆	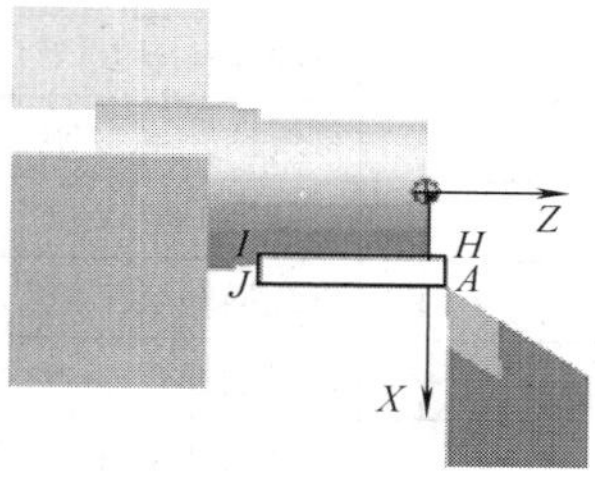	起刀点 *A* (35.0，3.0) → *H* (24.5，3.0) → *I* (24.5，-29.8) → *J* (35.0，-29.8) → *A* (35.0，3.0)
精车外轮廓	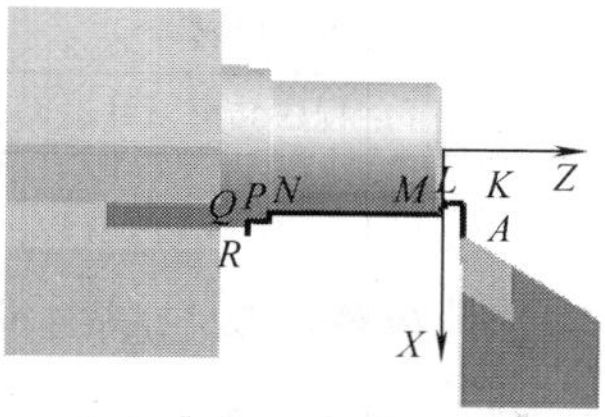	起刀点 *A* (35.0，3.0) → *K* (18.0，3.0) → *L* (18.0，1.0) → *M* (24.0，-1.0) → *N* (24.0，-30.0) → *P* (28.0，-30.0) → *Q* (28.0，-34.0) → *R* (35.0，-34.0)

（3）加工程序

阶梯轴加工程序如表 2-6 所示。

表 2-6　阶梯轴加工程序

程　　序	说　　明
O0001	程序名
G54 G97 G99 G40；	建立工件坐标系，取消恒线速，转进给，取消刀补
T0101；	调 1 号刀、1 号刀补
M03 S600；	主轴正转，转速 600r/min
G00 X35.0 Z3.0；	快速定位至起刀点 *A* 点
G00 Z0；	快速进给至 *B* 点
G01 X-1.0 F0.1；	直线插补至 *C* 点
Z3.0；	直线插补至 *D* 点
G00 X35.0；	快速返回至 *A* 点
S900；	主轴变速 900r/min
G00 X28.5；	快速进给至 *E* 点
G01 Z-33.8 F0.2；	直线插补至 *F* 点
X35.0；	直线插补至 *G* 点
G00 Z3.0；	快速返回至 *A* 点
X24.5；	快速进给至 *H* 点
G01 Z-29.8；	直线插补至 *I* 点
X35.0；	直线插补至 *J* 点
G00 Z3.0；	快速返回至 *A* 点
S1300；	主轴变速 1300r/min

续表

程　　序	说　　明
G00 X18.0；	快速进给至 *K* 点
G01 Z1.0 F0.1；	直线插补至 *L* 点
X24.0 Z-1.0；	直线插补至 *M* 点
Z-30.0	直线插补至 *N* 点
X28.0；	直线插补至 *P* 点
Z-34.0；	直线插补至 *Q* 点
X35.0；	直线插补至 *R* 点
G00 X100.0 Z100.0；	快速退刀至换刀点
M05；	主轴停转
M30；	程序结束，并返回程序头

（4）仿真加工

阶梯轴仿真加工操作步骤如表 2-7 所示，操作视频扫描二维码 M2-5 观看。

表 2-7　阶梯轴仿真加工操作步骤

序号	操作步骤	操作要点
Ⅰ	进入数控加工仿真系统	见 2.1【相关知识】（3）数控车床仿真加工
Ⅱ	选择数控车床	FANUC 0i 数控车床
Ⅲ	开机	单击“启动”按钮，单击“急停”按钮
Ⅳ	回参考点	回参考点时，先 *X* 轴、后 *Z* 轴回参考点；刀架移开参考点时，先移动 *Z* 轴，后移动 *X* 轴
Ⅴ	选择毛坯并安装	毛坯尺寸 ϕ30mm×60mm，材料 45 钢，毛坯伸出卡盘外 40mm 以上 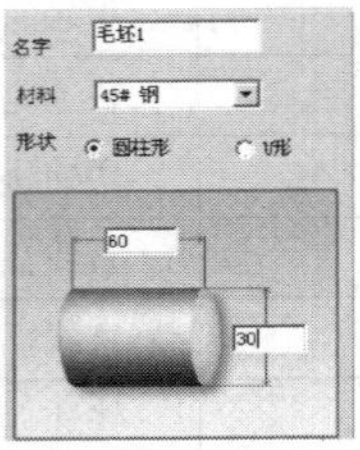 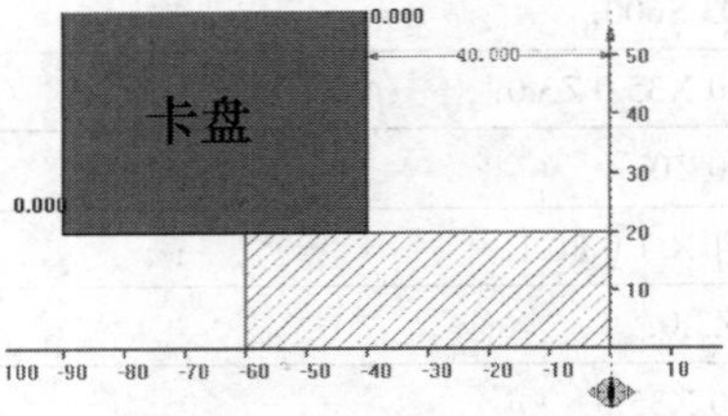
Ⅵ	选择刀具	在 1 号刀位上安装 93° 外圆车刀，并将刀具参数输入刀具参数表（形状界面）中 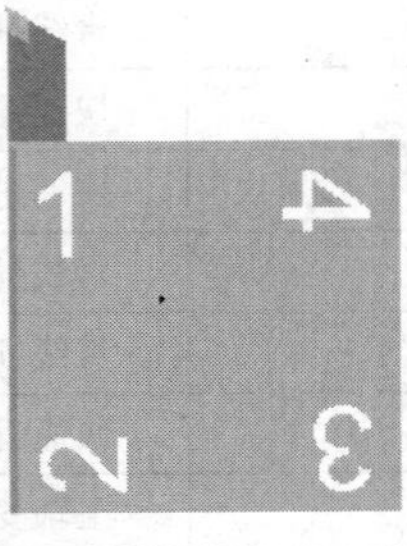 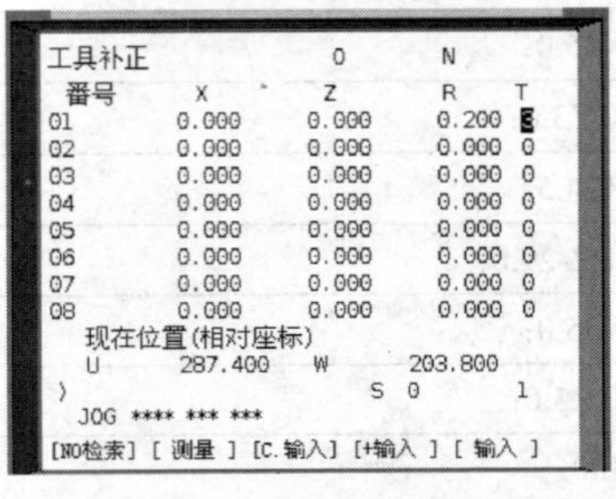

续表

序号	操作步骤	操作要点
Ⅶ	对刀并检验	Z方向对刀：平端面，沿X方向退刀，注意Z方向不得移动，在刀具偏置“G54”界面中输入Z0.，按［测量］软键 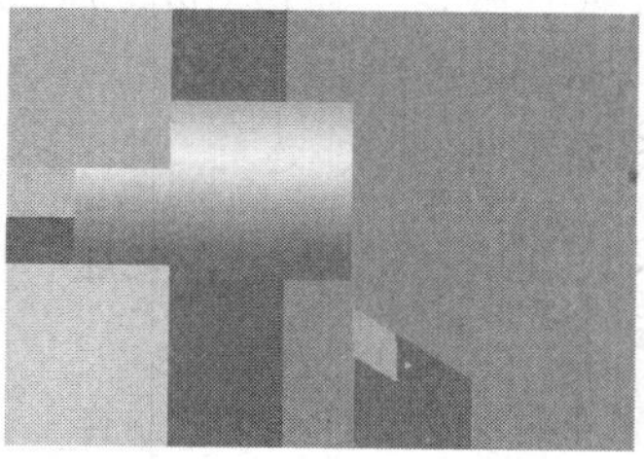 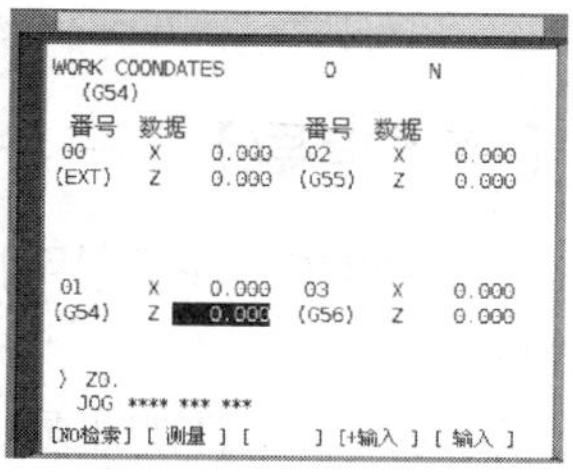 WORK COONDATES　O　N (G54) 番号　数据　番号　数据 00　X　0.000　02　X　0.000 (EXT)　Z　0.000　(G55)　Z　0.000 01　X　0.000　03　X　0.000 (G54)　Z　0.000　(G56)　Z　0.000 〉Z0. JOG **** *** *** [NO检索] [测量] [　] [+输入] [输入] X方向对刀：车外圆，并沿Z方向退刀，测量被加工表面直径，在刀具偏置“G54”界面中输入X测量直径值，按［测量］软键 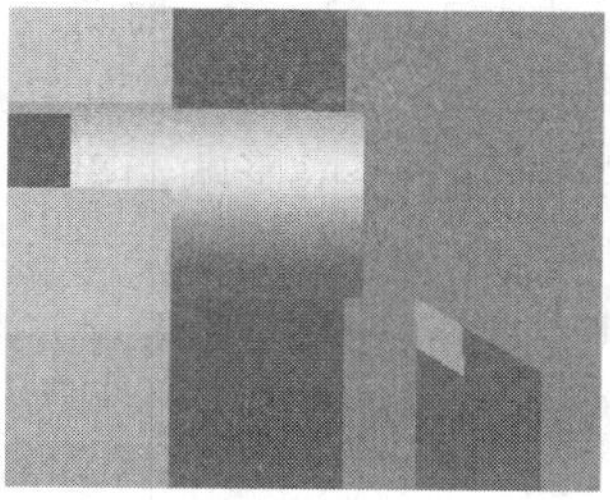 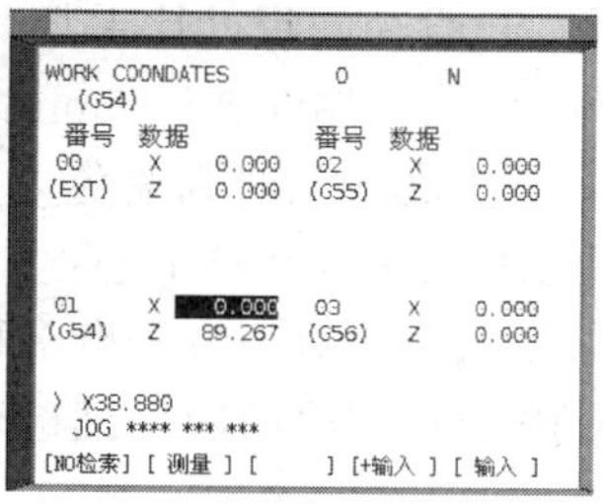 WORK COONDATES　O　N (G54) 番号　数据　番号　数据 00　X　0.000　02　X　0.000 (EXT)　Z　0.000　(G55)　Z　0.000 01　X　0.000　03　X　0.000 (G54)　Z　89.267　(G56)　Z　0.000 〉X38.880 JOG **** *** *** [NO检索] [测量] [　] [+输入] [输入] 对刀检验：MDI方式下输入“G54 G00 X0 Z10.0 T0101”，移动光标至程序头，按“循环启动”键，运行该程序段的结果如下图所示 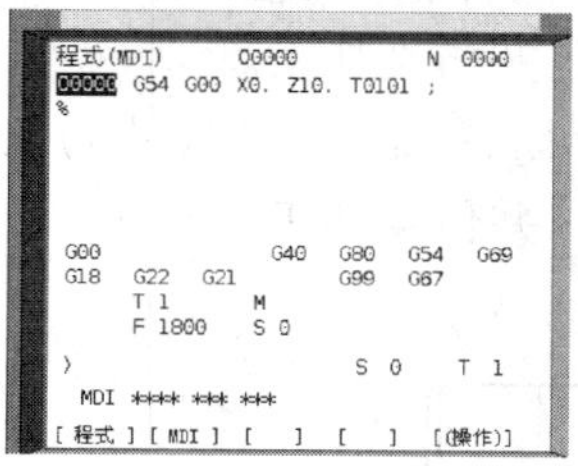 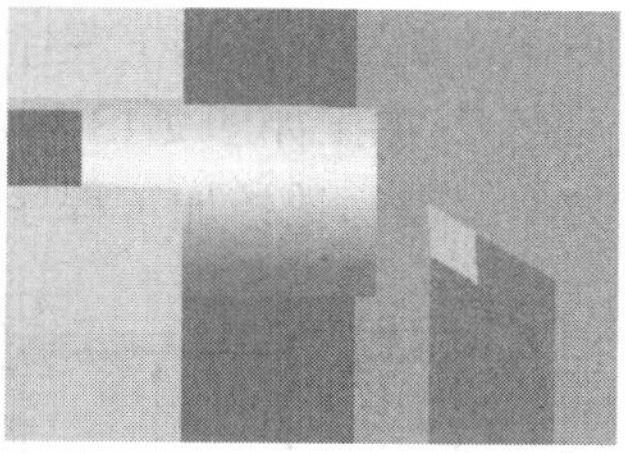 程式(MDI)　O0000　N 0000 O0000 G54 G00 X0. Z10. T0101 ; % G00　G40　G80　G54　G69 G18　G22　G21　G99　G67 T 1　M F 1800　S 0 〉　S 0　T 1 MDI **** *** *** [程式] [MDI] [　] [　] [(操作)]
Ⅷ	输入程序	按“编辑”键，再按“程式”键PROG，输入程序
Ⅸ	运行程序	将光标移至程序头，按“自动运行”键，再按“循环启动”键
Ⅹ	质量检测	加工结束后测量所有待测表面，检查测量结果，必要时进行程序调试 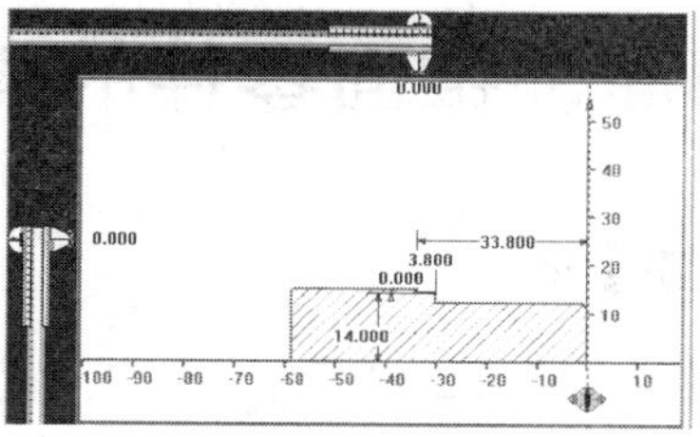 0.000 0.000 33.800 3.800 0.000 14.000 50 40 30 20 10 -100 -90 -80 -70 -60 -50 -40 -30 -20 -10 10

M2-5　阶梯轴仿真加工操作

【技术指导】

① FANUC 系统采用小数点编程，坐标值应加小数点；

② 为保证工件加工质量，有公差的尺寸，编程时应取中值；

③ 刀具切削起始点应设置于毛坯外，如图 2-11 所示，一般径向尺寸比毛坯尺寸大 1 ～ 2mm，轴向尺寸距离工件端面 2 ～ 5mm；

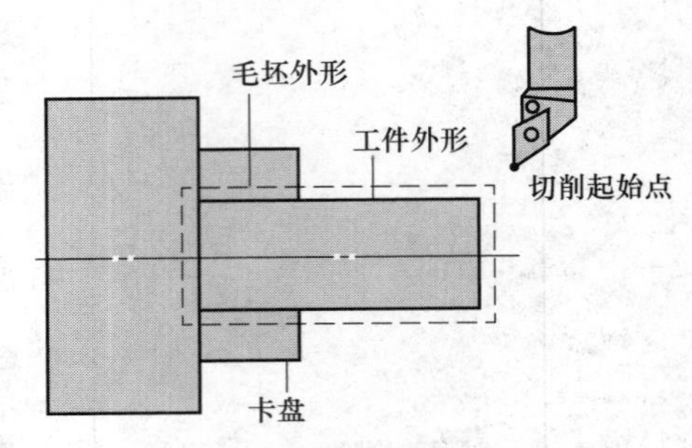

图 2-11　刀具切削起始点设置

④ 仿真加工时为避免刀尖圆角半径的影响，平端面时要求切过回转中心；

⑤ 试切法对刀方法有多种，实际操作时常将对刀参数设置在刀具偏置（形状）界面中；

⑥ 运行程序前应仔细检查程序输入是否正确，确认无误后方可加工。

【同步训练】

训练 1. 加工如图 2-12 所示阶梯轴，毛坯尺寸为 ϕ40mm×70mm，材料 45 钢。要求制定工艺方案，编写数控加工程序，并仿真加工。

训练 2. 加工如图 2-13 所示阶梯轴，毛坯尺寸为 ϕ50mm×65mm，材料 45 钢。要求制定工艺方案，编写数控加工程序，并仿真加工。

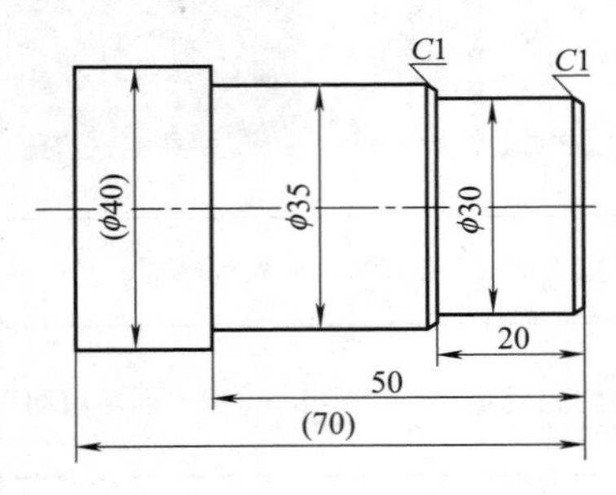

图 2-12　训练 1 零件图

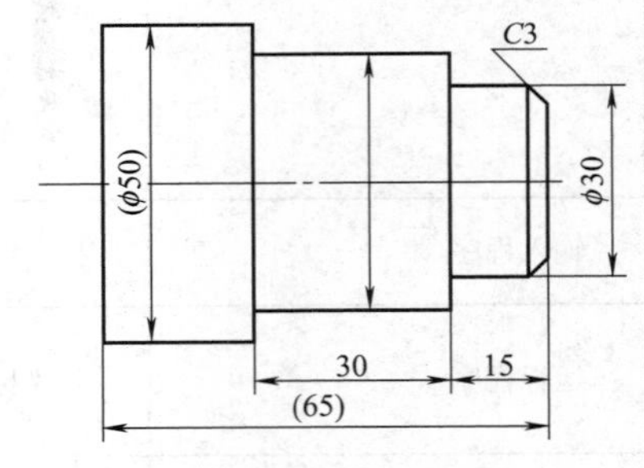

图 2-13　训练 2 零件图

2.2　槽面、锥面零件的编程

【任务描述】

① 零件图样：如图 2-14 所示；

② 毛坯尺寸：ϕ40mm×60mm；

③ 毛坯材料：45 钢；

④ 考核要求：制定数控加工工艺方案，编写数控加工程序，仿真加工，达到图样技术要求。

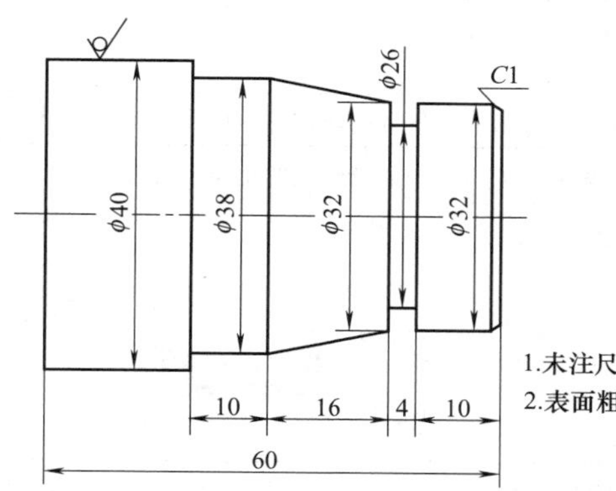

技术要求
1.未注尺寸公差按GB/T 1804-m。
2.表面粗糙度全部*Ra* 3.2μm。

图 2-14　锥度轴零件图

【任务目标】

① 掌握槽面、锥面零件数控加工工艺方案的制定；

② 学会绘制槽面、锥面加工的走刀路线的方法；

③ 正确运用 G94、G90、G04 指令编写端面、锥面、槽面的数控加工程序；

④ 学会车槽刀对刀操作。

【相关知识】

① 轴向单一固定循环 G90 指令。

指令格式：G90 X（U）__ Z（W）__ F__；

G90 X（U）__ Z（W）__ R__ F__；

其中，X、Z 为单一固定循环目标点的绝对坐标；U、W 为增量坐标；R 为圆锥车削轨迹起点与终点半径之差；F 为进给速度。

② 径向单一固定循环 G94 指令。

指令格式：G94 X（U）__ Z（W）__ F__；

G94 X（U）__ Z（W）__ R__ F__；

其中，X、Z 为单一固定循环目标点的绝对坐标；U、W 为单一固定循环目标点的增量坐标；R 为锥面切削起始点与终点的 Z 坐标之差；F 为进给速度。

③ 暂停指令 G04。

指令格式：G04 X（P）__；

其中，X（P）为暂停时间。X 后面的数值以小数表示，单位为 s；P 后面的数值以整数表示，单位为 ms。如 G04 X2.0，表示暂停 2s；G04 P1000，表示暂停 1000ms。

【任务实施】

（1）制定工艺方案

锥度轴加工工艺方案如表 2-8 所示。

表 2-8　锥度轴加工工艺方案

项　目	说　明
系统设备	FANUC 0i 数控车床
刀具选择	T1：主偏角 93° 外圆车刀 T2：4mm 车槽刀
工件装夹	三爪自定心卡盘直接装夹，保证毛坯伸出卡盘外 45mm
工件坐标原点设定	工件坐标原点取零件右端面与回转轴线的交点 Z X
加工方案	平右端面→粗车 ϕ38mm 外圆→粗车 ϕ32mm 外圆及锥面→精车外轮廓→车槽
切削用量选择	平端面：n=600r/min，f=0.1mm/r 粗加工外轮廓：n=800r/min，f=0.2mm/r，a_p=2.0mm 精加工外轮廓：n=1200r/min，f=0.1mm/r，精车余量 0.5mm 车槽：n=600r/min，f=0.1mm/r，a_p=4.0mm

（2）数值计算

锥度轴加工运行轨迹及其坐标计算如表 2-9 所示。

表 2-9　锥度轴加工运行轨迹及其坐标计算

加工顺序	运行轨迹	坐标计算
平右端面	C D B A	起刀点 A (45.0，3.0) → B → C (−1.0，0) → D → A
粗车 ϕ38mm 外圆	F E G A	起刀点 A (45.0，3.0) → E → F (38.5，−39.8) → G → A
粗车锥面及 ϕ32mm 外圆	J I H K A	→ H (32.5，3.0) → I (32.5，−14.0) → J (38.5，−30.0) → K (45.0，−30.0) → A (45.0，3.0)

续表

加工顺序	运行轨迹	坐标计算
精车外轮廓	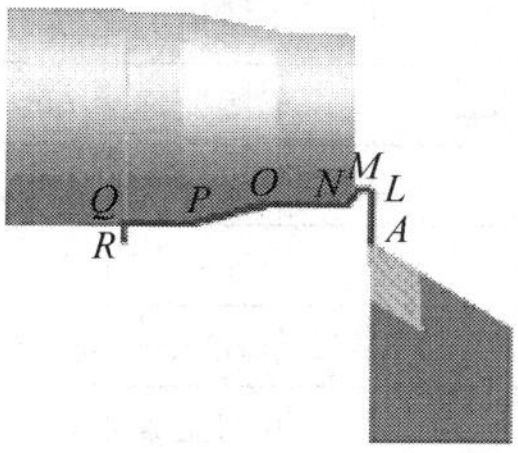	→ L (28.0，3.0) → M (28.0，1.0) → N (32.0，-1.0) → O (32.0，-14.0) → P (38.0，-30.0) → Q (38.0，-40.0) → R (45.0，-40.0)
车槽	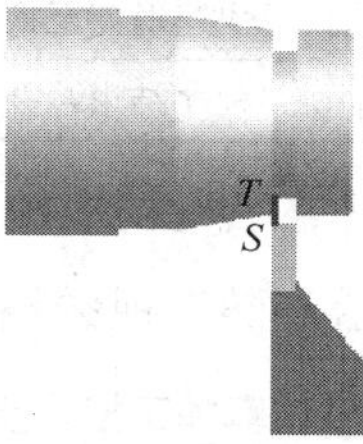	→ S (35.0，-12.0) → T (26.0，-12.0) → S (35.0，-12.0)

（3）加工程序

锥度轴加工程序如表 2-10 所示。

表 2-10　锥度轴加工程序

程　序	说　明
O0002	程序名
G54 G97 G99 G40；	建立工件坐标系，取消恒线速，转进给，取消刀补
T0101；	调 1 号刀、1 号刀补
M03 S600；	主轴正转，转速 600r/min
G00 X45.0 Z3.0；	快速定位至 A 点
G94 X-1.0 Z0 F0.1；	平右端面
S800；	主轴变速 800r/min
G90 X38.5 Z-39.8 F0.2；	粗车 ϕ38mm 外圆
G00 X32.5；	粗车锥面及 ϕ32mm 外圆
G01 Z-14.0；	
X38.5 Z-30.0；	
X45.0；	
G00 Z3.0；	
S1200；	精加工主轴变速至 1200r/min
G00 X28.0；	精车外轮廓
Z1.0；	
G01 X32.0 Z-1.0 F0.1；	
Z-14.0；	
X38.0 Z-30.0；	
Z-40.0；	
X45.0；	

续表

程　　序	说　　明
G00 X100.0 Z100.0；	快速退刀至换刀点
S600；	车槽变速至 600r/min
T0202；	调 2 号刀、2 号刀补
G00 Z-14.0 X35.0；	快速定位至 *S* 点
G01 X26.0 F0.1；	车 ϕ26mm 槽至 *T* 点
X35.0；	退刀至 *S* 点
G00 X100.0 Z100.0；	快速退刀至换刀点
M30；	程序结束，并返回程序头

（4）仿真加工

锥度轴仿真加工操作步骤如表 2-11 所示，操作视频扫描二维码 M2-6 观看。

表 2-11　锥度轴仿真加工操作步骤

序号	操作步骤	操作要点
Ⅰ～Ⅳ	进入数控加工仿真系统 选择数控车床 开机 回参考点	见 2.1【任务实施】（4）仿真加工
Ⅴ	选择毛坯，并安装	毛坯尺寸 ϕ40mm×60mm，材料 45 钢；毛坯伸出卡盘外 45mm 以上
Ⅵ	选择刀具	1 号刀位安装 93° 外圆车刀，2 号刀位安装 4mm 车槽刀；刀具参数输入至刀具参数表 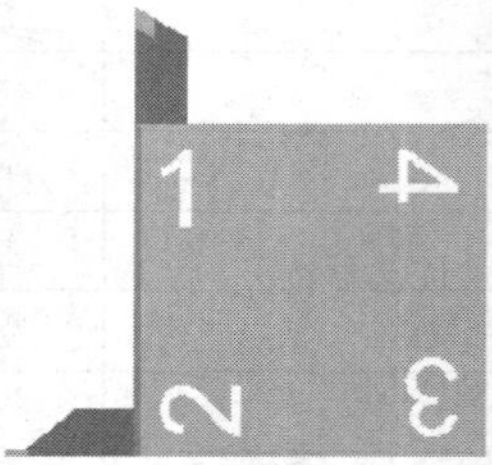 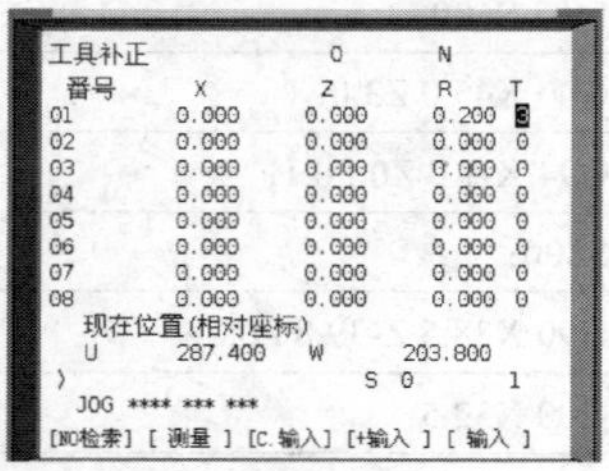
Ⅶ	外圆车刀对刀，并检验	见 2.1【任务实施】（4）仿真加工
Ⅷ	车槽刀对刀，并检验	调 2 号车刀：刀架移至安全位置，MDI 方式下编辑程序“T0202”，运行程序 *Z* 方向对刀：径向切入工件，*X* 方向退刀，注意 *Z* 方向不动，测量所车槽面的 *Z* 坐标值，在 2 号刀具补偿界面（形状）中输入“Z 测量值”，按［测量］软键 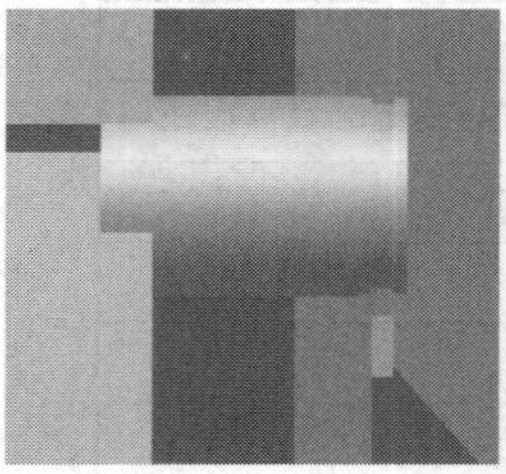 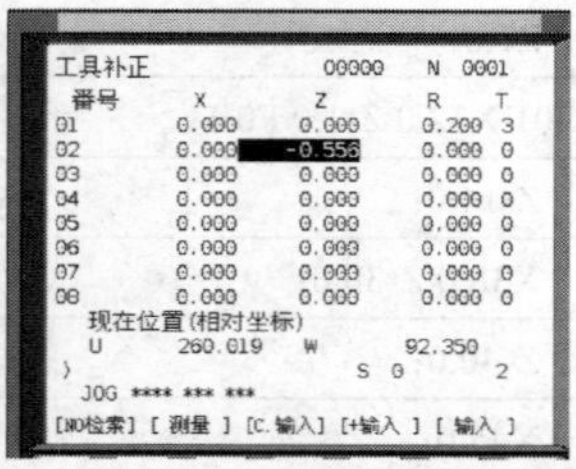

续表

序号	操作步骤	操作要点
Ⅷ	车槽刀对刀，并检验	*X*方向对刀：操作步骤同外圆车刀，测量后，在2号刀具补偿界面（形状）中输入“X测量值”，按［测量］软键 对刀检验：输入程序“G54 G00 X0 Z10.0 T0202”，运行程序 车槽刀对刀操作通过扫描二维码M2-7查看
Ⅸ～Ⅺ	输入程序 运行程序 质量检测	见2.1【任务实施】(4) 仿真加工

M2-6　槽面、锥面零件仿真加工操作

M2-7　车槽刀对刀操作

【技术指导】

① 换刀点的设置应保证换刀安全，即当刀架旋转时，刀具、工件、夹具等不会产生碰撞；

② 车槽时，为保证槽底表面粗糙度，可使用G04指令实现光车；

③ 车削精度要求较高的和宽度较宽的槽（一般大于5mm）时，主切削刃宽度小于槽宽，此时分几次直进法横向走刀，并在槽的两侧、槽底留一定的精车余量。切出槽宽后，最后一刀纵向走刀精车至槽底尺寸；

④ 加工宽槽和多槽时，可用移位法、调用子程序、宏程序或G75切槽复合循环指令编程；

⑤ 车削梯形槽和倒角槽，一般用成形车刀、梯形刀直进法或左右切削法完成，或者先加工出与槽底等宽的直槽，再沿着相应梯形角度或倒角角度移动车刀，车削出梯形槽和倒角槽；

⑥ 切槽刀对刀时，仿真操作要求切削工件，实际操作则观察是否有切屑产生或有切削声音传出。

【同步训练】

训练1. 加工如图2-15所示阶梯轴，毛坯尺寸为ϕ30mm×55mm，材料45钢。要求制定工艺方案，编写数控加工程序，仿真加工并检测。

训练2. 加工如图2-16所示零件，毛坯尺寸为ϕ40mm×70mm，材料45钢。要求制定工艺方案，编写数控加工程序，仿真加工并检测。

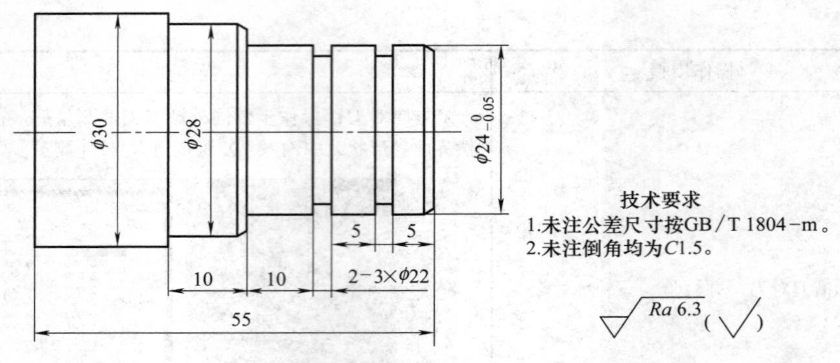

图 2-15 训练 1 零件图

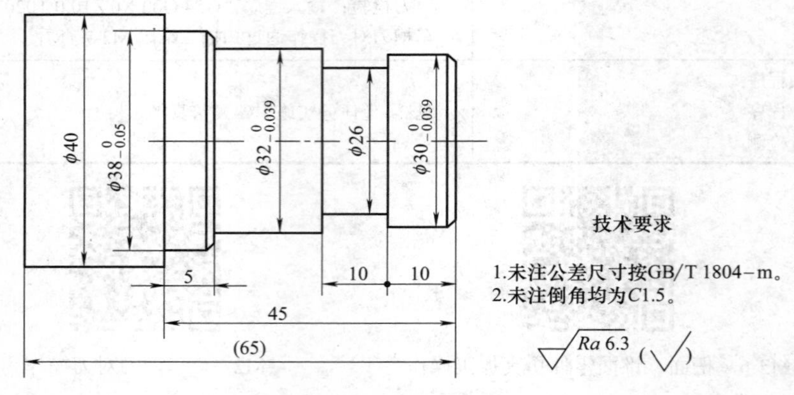

图 2-16 训练 2 零件图

训练 3. 加工如图 2-17 所示零件，毛坯尺寸为 ϕ30mm×100mm，材料 45 钢。要求制定工艺方案，编写数控加工程序，仿真加工并检测。

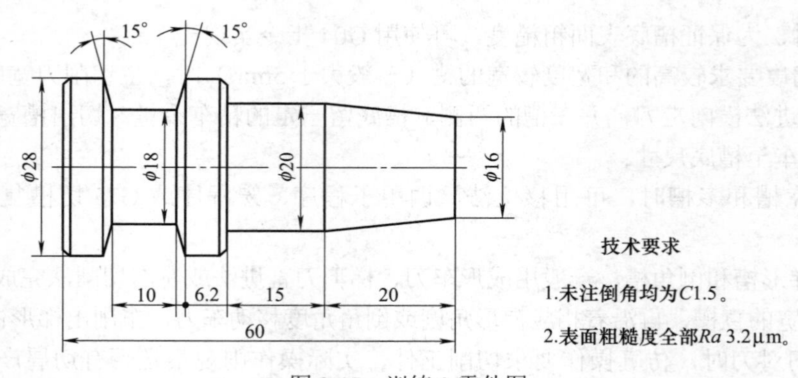

图 2-17 训练 3 零件图

2.3 圆弧面零件的编程

【任务描述】

① 零件图样：如图 2-18 所示；

② 毛坯尺寸：ϕ30mm×50mm；

③ 毛坯材料：Al；

④ 考核要求：制定数控加工工艺方案，编写数控加工程序，仿真加工，达到图样技术要求。

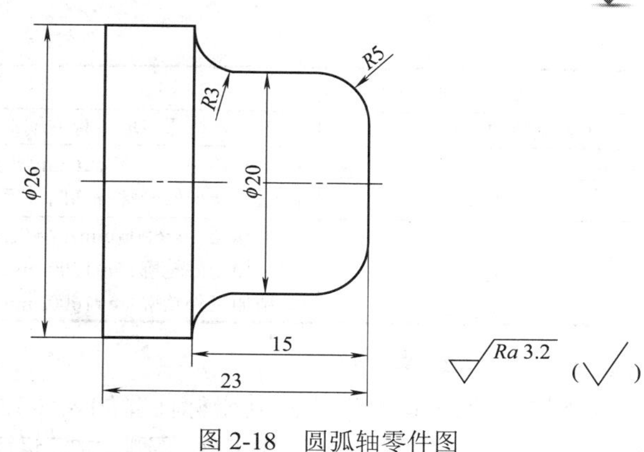

图 2-18　圆弧轴零件图

【任务目标】

① 学会圆弧类零件走刀路线绘制及其数值计算；

② 学会运用 G02、G03 指令编写圆弧类零件数控加工程序；

③ 掌握刀具半径补偿功能及其应用。

【相关知识】

① 圆弧插补 G02/G03 指令。

指令格式：G02/G03 X（U）__ Z（W）__ R__ F__；

G02/G03 X（U）__ Z（W）__ I__ K__ F__；

其中，X（U）、Z（W）为圆弧插补目标点的坐标；R 为圆弧半径；I、K 分别为圆弧圆心相对于起点在 *X*、*Z* 坐标方向的增量，且 I 为半径值；F 为进给速度。

G02/G03 的判别：沿着与圆弧插补平面相垂直的坐标轴的正方向向负方向看，顺时针方向的圆弧用 G02，逆时针方向的圆弧用 G03。

② 刀尖圆弧半径补偿 G41/G42 指令。

指令格式：G41 G00/G01 X（U）__ Z（W）__ F__；

G42 G00/G01 X（U）__ Z（W）__ F__；

其中，X（U）、Z（W）为建立刀尖圆弧半径补偿时目标点的坐标；F 为进给速度。

G41/G42 的判别：沿着与插补平面相垂直的坐标轴的正方向向负方向看，沿着刀具进给方向，刀具在被加工轮廓的左边，则为左补偿 G41；反之，右补偿 G42。

③ 取消刀尖圆弧半径补偿 G40。

指令格式：G40 G00/G01 X（U）__ Z（W）__ F__；

其中，X（U）、Z（W）为取消刀尖圆弧半径补偿时目标点的坐标。

【任务实施】

（1）制定工艺方案

圆弧轴加工工艺方案如表 2-12 所示。

表 2-12　圆弧轴加工工艺方案

项　　目	说　　明
系统设备	FANUC 0i 数控车床
刀具选择	T1：主偏角 93° 外圆车刀 T2：4mm 车断刀
工件装夹	三爪自定心卡盘直接装夹，保证毛坯伸出卡盘外 30mm 以上

续表

项　　目	说　　明
工件坐标原点设定	工件坐标原点取零件右端面与回转轴线的交点
加工方案	平右端面→粗车 ϕ26mm 外圆→粗车 ϕ20mm 外圆及 R3mm 凹圆弧→粗车 R5mm 凸圆弧→精车外轮廓→切断（手动）
切削用量选择	平端面：n=600r/min，f=0.1mm/r 粗加工外轮廓：n=1000r/min，f=0.2mm/r，a_p=3.0mm 精加工外轮廓：n=1600r/min，f=0.1mm/r，精车余量 0.5mm

（2）数值计算

圆弧轴加工运行轨迹及其坐标计算如表 2-13 所示。

表 2-13　圆弧轴加工运行轨迹及其坐标计算

加工顺序	运行轨迹	坐标计算
平右端面	C B D A	起刀点 A（35.0，3.0） → D → C（-1.0，0） → B → A
粗车 ϕ26mm 外圆	E F G A	起刀点 A（35.0，3.0） → E → F（26.5，-22.8） → G → A
粗车 ϕ20mm 外圆及 R3mm 凹圆弧	J I H K A	→ H（21.0，3.0） → I（21.0，-12.0） → J（26.0，-14.5） → K（35.0，-14.5） → A（35.0，3.0）
粗车 R5mm 凸圆弧	M L N O A	→ L（10.0，3.0） → M（10.0，0.5） → N（21.0，-5.0） → O（35.0，-5.0） → A（35.0，3.0）
精车外轮廓	P K T S R Q U A	→ K（10.0，3.0） → P（10.0，0） → Q（20.0，-5.0） → R（20.0，-12.0） → S（26.0，-15.0） → T（26.0，-23.0） → U（35.0，-23.0）

（3）加工程序

圆弧轴加工程序如表 2-14 所示。

表 2-14　圆弧轴加工程序

程　　序	说　　明
O0003	程序名
G54 G97 G99 G40；	建立工件坐标系，取消恒线速，转进给，取消刀补
T0101；	调 1 号刀、1 号刀补
M03 S600；	主轴正转，转速 600r/min
G00 X35.0 Z3.0；	快速定位至 *A* 点
G94 X-1.0 Z0 F0.1；	平右端面
S1000；	主轴变速 1000r/min
G90 X26.5 Z-22.8 F0.2；	粗车 ϕ26mm 外圆
G00 X210；	快速进给至 *H*
G01 Z-12.0；	直线插补至 *I*
G02 X26.0 Z-14.5 R2.5；	圆弧插补至 *J*，半径 *R*2.5
G01 X35.0；	直线插补至 *K*
G00 Z3.0；	快速返回至 *A*
X10.0；	快速进给至 *L*
G01 Z0.5；	直线插补至 *M*
G03 X21.0 Z-5.0 R5.5；	圆弧插补至 *N*，半径 *R*5.5
G01 X35.0；	直线插补至 *O*（35.0，-5.0）
G00 Z3.0；	快速返回至 *A*（35.0，3.0）
S1600；	精加工主轴变速至 1600r/min
G42 G00 X10.0 Z3.0；	精车外轮廓
G01 Z0 F0.1	
G03 X20.0 Z-5.0 R5.0；	
G01 Z-12.0；	
G02 X26.0 Z-15.0 R3.0；	
G01 Z-25.0；	
X35.0；	
G40 G00 X100.0 Z100.0；	快速退刀至换刀点
M05；	主轴停转
M30；	程序结束，并返回程序头

（4）仿真加工

圆弧轴仿真加工操作步骤如表 2-15 所示，操作视频通过扫描二维码 M2-8 查看。

表 2-15　圆弧轴仿真加工操作步骤

序号	操作步骤	操作要点
Ⅰ～Ⅳ	进入数控加工仿真系统 选择数控车床 开机 回参考点	见 2.1【任务实施】（4）仿真加工

续表

序号	操作步骤	操作要点
Ⅴ	选择毛坯，并安装	毛坯尺寸 ϕ30mm×50mm，材料 Al；安装毛坯，伸出卡盘外 30mm 以上
Ⅵ	选择刀具，并输入刀具参数	1 号刀位安装 93° 外圆车刀，2 号刀位安装 4mm 车槽刀；输入刀尖圆角半径及其刀具方位号
Ⅶ～Ⅹ	外圆车刀对刀，并检验 输入程序 运行程序 质量检测	见 2.1【任务实施】（4）仿真加工

M2-8 圆弧轴仿真加工操作

【技术指导】

① 判别圆弧插补 G02/G03 的简便方法，即数控车床无论刀架位于上位刀还是下位刀，均视为上位刀，则顺时针圆弧插补为 G02，逆时针圆弧插补为 G03。也可认为，当刀具自右向左车削加工时，凹圆弧为 G02，凸圆弧为 G03；

② 为便于判别刀具左补偿、右补偿，数控车床上，刀具自右向左车削加工时，外轮廓用 G42，内轮廓用 G41；

③ 刀尖圆弧半径补偿 G41/G42 指令与取消指令 G40 要成组使用，即建立补偿后，要取消补偿；

④ 使用刀尖圆弧半径补偿功能时，在数控程序中写入 G41/42 指令的同时，要在系统面板上手动输入刀尖圆弧半径值及假想刀尖方位号，如此补偿功能方生效，假想刀尖方位号由系统规定，其值如图 2-19 所示。

【同步训练】

训练 1. 绘制如图 2-20 所示零件数控加工走刀路线，编制其数控加工程序，仿真加工，并检测。毛坯尺寸 ϕ50mm×100mm，材料 Al。

训练 2. 绘制如图 2-21 所示零件数控加工走刀路线，编写其加工程序，仿真加工，并检测。毛坯尺寸 ϕ45mm×120mm，材料 Al。

训练 3. 绘制如图 2-22 所示零件数控加工走刀路线，编写其加工程序，仿真加工，并检测。毛坯尺寸 ϕ40mm×100mm，材料 Al，单件生产。

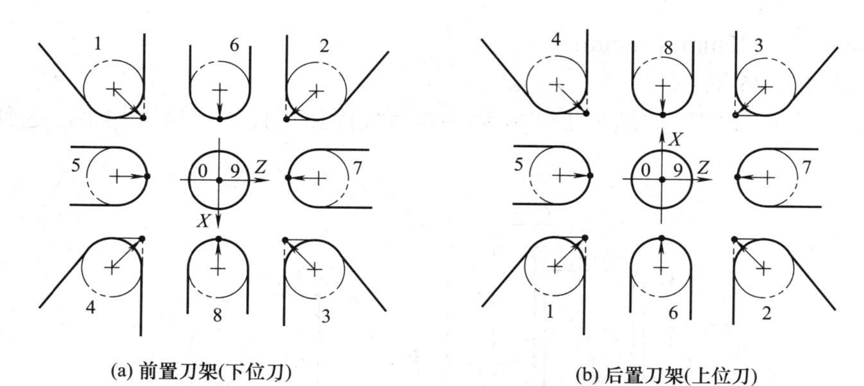

(a) 前置刀架(下位刀)　　(b) 后置刀架(上位刀)

图 2-19　假想刀尖方位

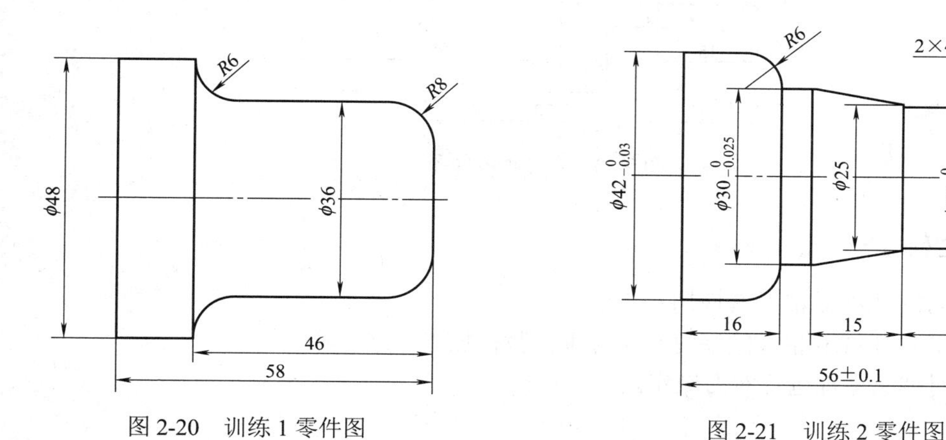

图 2-20　训练 1 零件图　　图 2-21　训练 2 零件图

图 2-22　训练 3 零件图

2.4　复杂轮廓面零件的编程

【任务描述】

① 零件图样：如图 2-23 所示；

② 毛坯尺寸：ϕ40mm×75mm；

③ 毛坯材料：45 钢；

④ 考核要求：制定数控加工工艺方案，编写数控加工程序，仿真加工，达到图样技术要求。

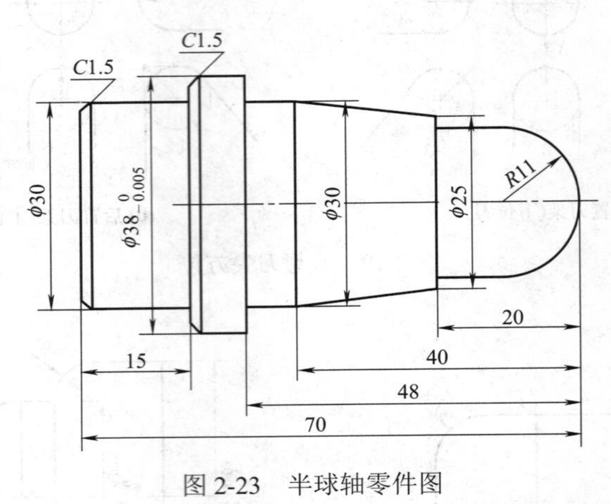

图 2-23 半球轴零件图

【任务目标】

① 掌握 G71 指令功能及其应用；

② 学会用 G71/G70 指令编写复杂轮廓零件数控加工程序；

③ 学会对调头零件进行对刀操作。

【相关知识】

① 最高转速限制 G50 指令。

指令格式：G50 S__；

其中，S 为限定的主轴最高转速，单位为 r/min。

如 G96 S100；G50 S2000；表示线速度为 100m/min，转速限制在 2000r/min 以内。

② 轴向粗车复合循环 G71 指令。

指令格式：G71 U（Δd）R（e）；

G71 P（n_s）Q（n_f）U（Δu）W（Δw）F（Δf）S（Δs）T（Δt）；

N（n_s）………………F（f）S（s） T（t）；

……………………

N（n_f）……………… ；

其中，Δd 为每一次循环切削的背吃刀量，半径值；e 为每次切削退刀量，半径值；n_s 为精加工第一个程序段号；n_f 为精加工最后一个程序段号；Δu 为 X 方向的精加工余量大小和方向，直径量；Δw 为 Z 方向精加工余量大小和方向；Δf 为粗加工进给量；Δs 为粗加工主轴转速；t 为粗加工所用刀具；f 为精加工进给量；s 为精加工时的主轴转速。

G71 指令走刀路线通过扫描二维码 M2-9 查看。

③ 复合循环精加工 G70 指令。

指令格式：G70 P（n_s）Q（n_f）；

M2-9　G71 指令走刀路线

参数含义同 G71。

【任务实施】

（1）制定工艺方案

该零件加工工艺方案如表 2-16 所示。

表 2-16　半球轴加工工艺方案

项　　目	说　　明
系统设备	FANUC 0i 数控车床
刀具选择	1 号刀位上安装 93°外圆车刀
工件装夹	三爪自定心卡盘直接装夹
工件坐标原点设定	工件坐标原点取零件端面与回转轴线的交点
加工方案	①平左端面（手动）→粗车外轮廓→精车外轮廓 ②调头→平右端面，找总长→粗车外轮廓→精车外轮廓
切削用量选择	粗加工外轮廓：n=800r/min，f=0.2mm/r，a_p=2mm 精加工外轮廓：n=1000r/min，f=0.1mm/r，精车余量 0.5mm

（2）运行轨迹

该零件加工运行轨迹如表 2-17 所示。

表 2-17　半球轴加工运行轨迹

加工顺序	运行轨迹	轨迹说明
平左端面	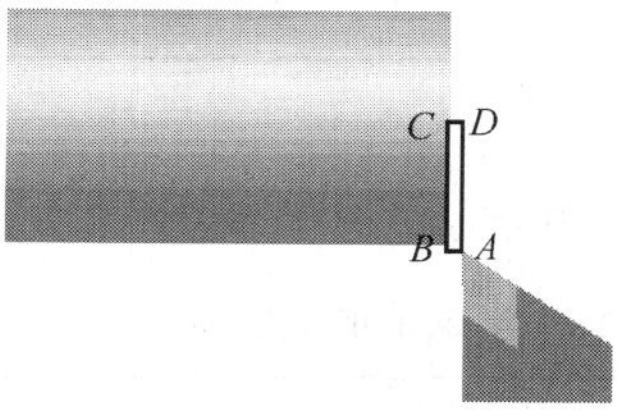 C D B A	手动
粗车外轮廓	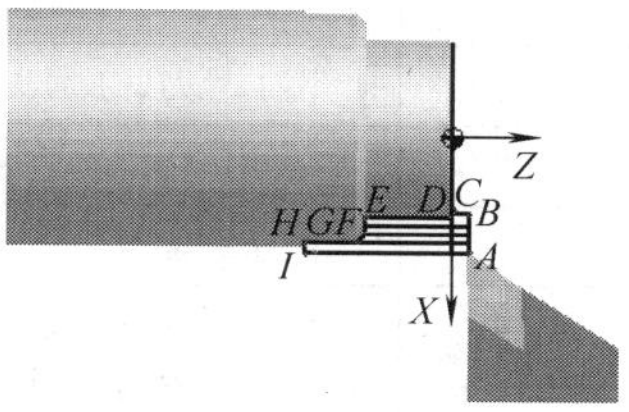 Z H G F E D C B I A X	G71 多重复合循环切削路径

续表

加工顺序	运行轨迹	轨迹说明
精车外轮廓	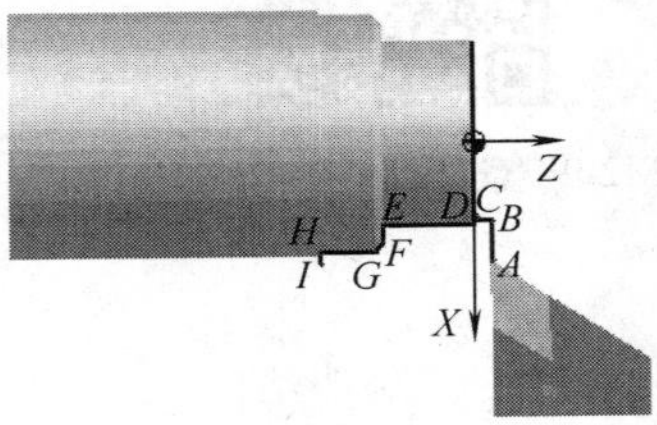 H E D C B I G F A Z X	G70 精加工切削路径
平右端面	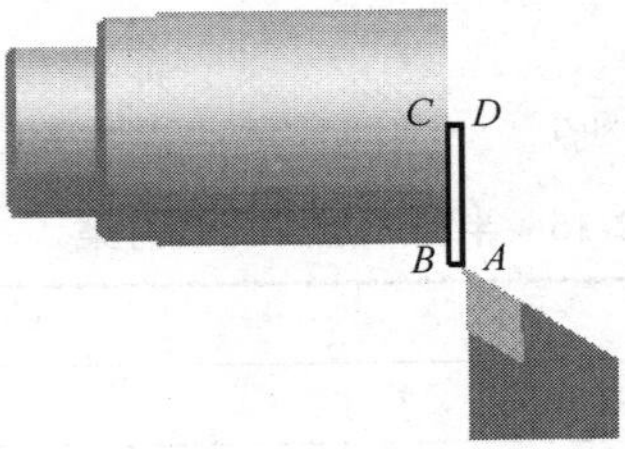 C D B A	G94 切削路径
粗车外轮廓	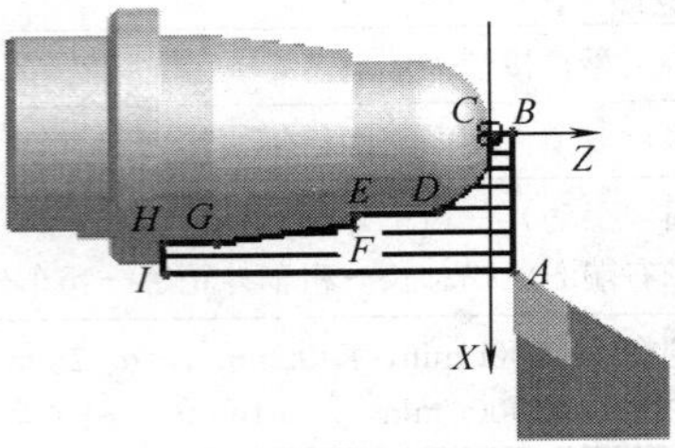 C B Z E D H G F I A X	G71 多重复合循环切削路径
精车外轮廓	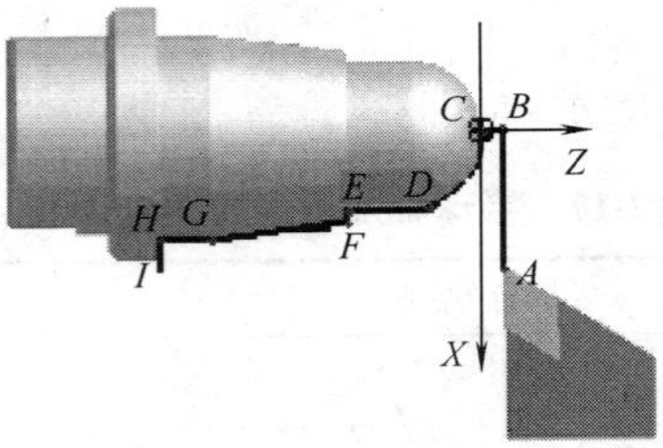 C B Z E D H G F I A X	G70 精加工切削路径

（3）加工程序

该零件左端加工程序如表 2-18 所示。

表 2-18　半球轴加工程序（一）

程　　序	说　　明
O0004（左端）	程序名
G54 G40;	建立工件坐标系，取消刀补
T0101;	调 1 号刀、1 号刀补
M03 S800;	主轴正转，转速 800r/min
G00 X42.0 Z2.0;	快速定位至循环起点
G71 U2.0 R1.0;	粗车循环参数设定，背吃刀量 2mm，退刀量 1mm，径向、轴向精加工余量分别为 0.5mm、0.2mm，粗加工进给速度 0.2mm/r
G71 P100 Q200 U0.5 W0.2 F0.2;	

续表

程　序	说　明
N100 G42 G00 X27.0 S1000；	描述精加工走刀路线，精加工时主轴转速1000r/min、进给速度0.1mm/r
G01 Z0.0 F0.1；	
X30.0 Z-1.5；	
Z-15.0；	
X34.998；	
X37.998 Z-16.5；	
Z-25.0；	
X41.0；	
N200 G40 G01 X42.0；	
G70 P100 Q200；	精加工
G00 X100.0 Z100.0；	快速退刀
M05；	主轴停转
M30；	结束程序，并返回程序头

该零件右端加工程序如表2-19所示。

表2-19　半球轴加工程序（二）

程　序	说　明
O0005（右端）	程序名
G54 G98 G40；	建立工件坐标系，取消恒线速，分进给，取消刀补
T0101；	调1号刀、1号刀补
M03 S800；	主轴正转，转速800r/min
G96 S100；	恒线速切削，速度恒定100m/min
G50 S2000；	最高转速限制2000r/min
G00 X42.0 Z2.0；	快速定位至循环起点
G94 X-1.0 Z0. F100；	平端面
G71 U2.0 R1.0；	粗车循环参数设定，背吃刀量2mm，退刀量1mm，径向、轴向精加工余量分别为0.5mm、0.2mm，粗加工进给速度100mm/min
G71 P100 Q200 U0.5 W0.2 F100；	
N100 G42 G00 X0.0 S120；	描述精加工走刀路线，精加工时主轴转速120m/min、进给速度60mm/min
G01 Z0.0 F60；	
G03 X22.0 Z-11.0 R11.0；	
G01 Z-20.0；	
X25.0；	
X30.0 Z-40.0；	
Z-48.0；	
X41.0；	
N200 G40 G01 X42.0；	
G70 P100 Q200；	精加工
G00 X100.0 Z100.0；	快速退刀
M05；	主轴停转
M30；	结束程序，并返回程序头

（4）仿真加工

该零件仿真加工操作步骤如表 2-20 所示，操作视频通过扫描二维码 M2-10 查看。

表 2-20　半球轴仿真加工操作步骤

序号	操作步骤	操作要点
Ⅰ～Ⅳ	进入数控加工仿真系统 选择数控车床 开机 回参考点	见 2.2【任务实施】（4）仿真加工
Ⅴ	选择毛坯，并安装	毛坯尺寸 ϕ40mm×75mm，材料 45 钢；安装毛坯
Ⅵ	选择刀具，并输入刀具参数	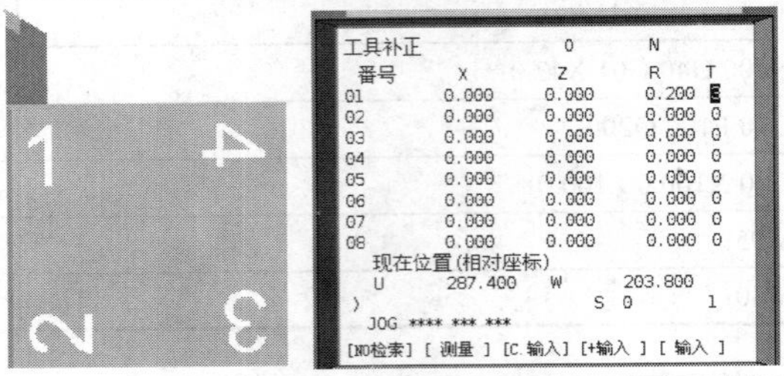
Ⅶ～Ⅹ	外圆车刀对刀，并检验 输入程序 O0005，并检查 运行程序 质量检测	同 2.2【任务实施】（4）仿真加工
Ⅺ	调头，装夹工件	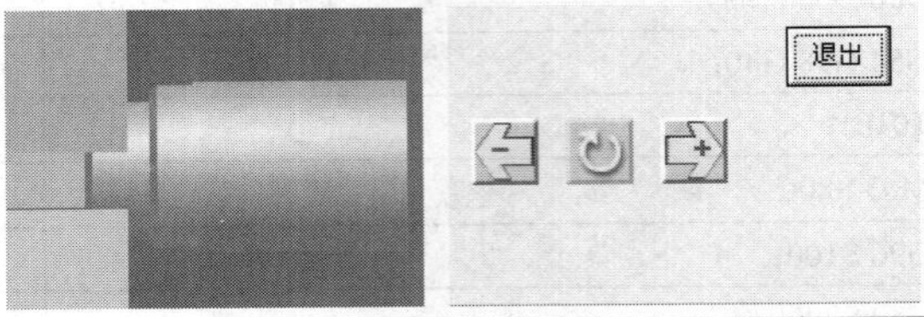
Ⅻ	对刀，找总长	平端面，X 方向退刀，注意 Z 方向不动，使主轴停转，测量总长，计算长度余量，在工件坐标系“G54”的 Z 偏置中输入“Z 长度余量”，按［测量］软键 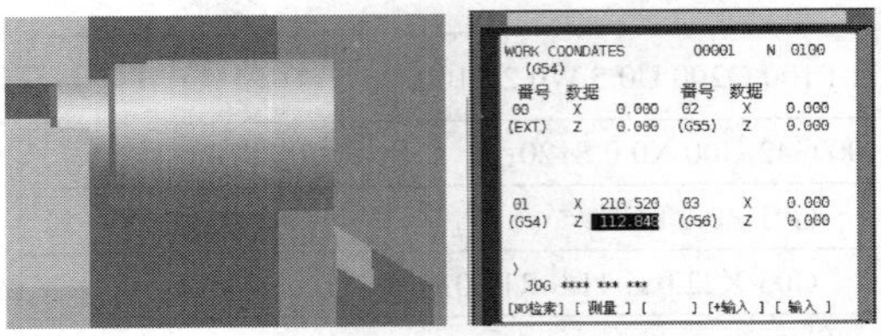 MDI 方式下输入“G54G00X055.0Z0.T0101”，运行程序，刀具至工件坐标原点所在平面，手动使主轴转动，平端面 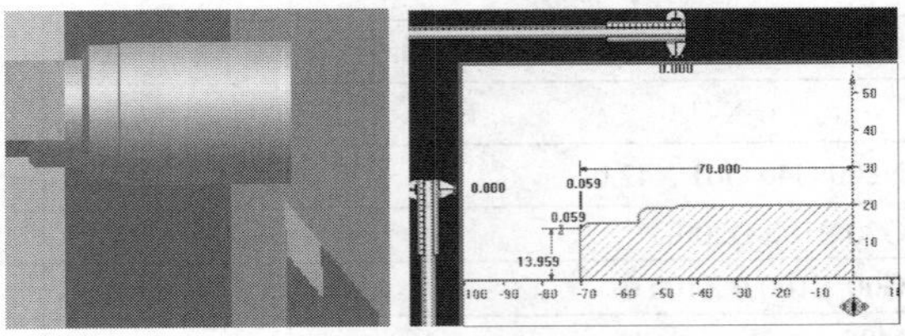 调头、找总长操作视频通过扫描二维码 M2-11 查看

续表

序号	操作步骤	操作要点
XIII	输入程序 O0006 运行程序 质量检测	见 2.2【任务实施】(4) 仿真加工

M2-10 半球轴仿真加工操作

M2-11 调头、找总长操作

【技术指导】

① 在 FANUC 数控系统中，G71 指令适用于径向尺寸递增或递减的零件；

② 用 G71 指令编程时，描述精车路线的首段不写 *Z* 坐标值，若写，必须与循环起始点 *Z* 坐标一致；描述精车路线的最后一个程序段内容为切出工件，而非 *Z* 向回循环起始点；

③ G71 指令同样适用于内轮廓的加工，此时精车余量 *U* 取负值；

④ 调头对刀方法有多种，其核心是通过初平端面后的长度余量，确定调头后工件的坐标原点；

⑤ 调头对刀，仿真操作与实际操作不同。仿真操作只进行 *Z* 轴方向对刀操作，实际操作 *X*、*Z* 两个方向都要对刀。

【同步训练】

训练 1. 编写如图 2-24 所示零件数控加工程序，并仿真加工。毛坯尺寸 ϕ45mm×100mm，材料 45 钢。

训练 2. 编写如图 2-25 所示零件数控加工程序，并仿真加工。毛坯尺寸 ϕ40mm×100mm，材料 45 钢。

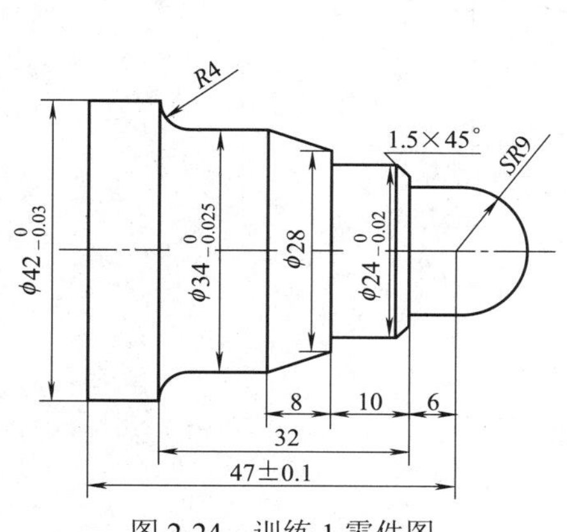

图 2-24 训练 1 零件图

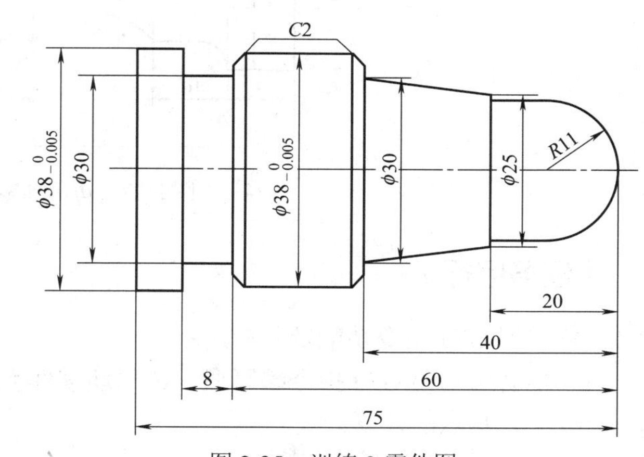

图 2-25 训练 2 零件图

训练 3. 编写如图 2-26 所示零件数控加工程序，并仿真加工。毛坯尺寸 ϕ30mm×85mm，材料 45 钢。

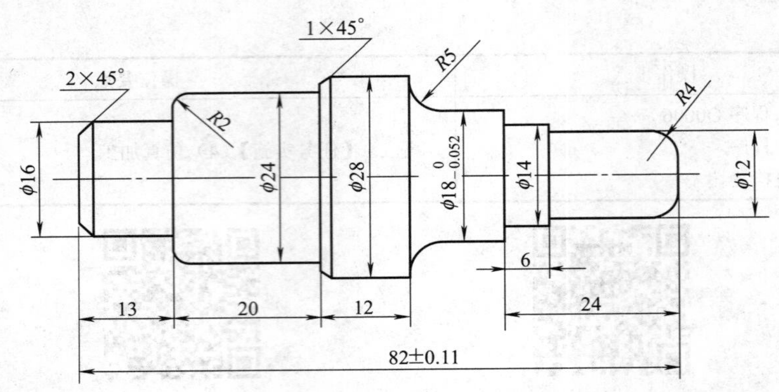

图 2-26 训练 3 零件图

2.5 锻铸毛坯零件的编程

【任务描述】

① 零件图样：如图 2-27 所示；

② 毛坯尺寸：ϕ40mm×100mm；

③ 毛坯材料：锻钢；

④ 考核要求：制定数控加工工艺方案，编写数控加工程序，仿真加工，达到图样技术要求。

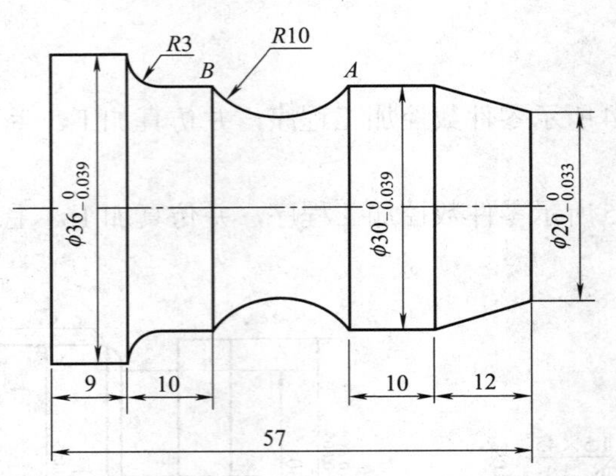

图 2-27 仿形轴零件图

【任务目标】

① 掌握 G73 指令功能及其应用；

② 学会用 G73/G70 指令编写锻、铸毛坯零件数控加工程序；

③ 学会基点的计算。

【相关知识】

仿形粗车复合循环 G73 指令。

指令格式：G73 U（Δi）W（Δk）R（d）；

G73 P（n_s）Q（n_f）U（Δu）W（Δw）F（Δf）S（Δs）T（t）；

N（n_s）………………… F（f）S（s）；

……………………… ；

N（n_f）……………… ；

其中，Δi 为粗车时 X 方向粗加工余量，半径值；Δk 为粗车时 Z 方向粗加工余量；d 为粗切削次数，取整数；其余参数含义同 G71。

G73 指令走刀路线通过扫描二维码 M2-12 查看。

M2-12　G73 指令走刀路线

【任务实施】

（1）制定工艺方案

该零件加工工艺方案如表 2-21 所示。

表 2-21　仿形轴加工工艺方案

项　　目	说　　明
系统设备	FANUC 0i 数控车床
刀具选择	T1：主偏角 93° 外圆车刀 T2：4mm 切断刀
工件装夹	三爪自定心卡盘直接装夹，保证毛坯伸出卡盘外 65mm 以上
工件坐标原点设定	工件坐标原点取零件右端面与回转轴线的交点
加工方案	平右端面（手动）→粗车外轮廓→精车外轮廓→切断（手动）
切削用量选择	粗加工外轮廓：n=800r/min，f=0.2mm/r，a_p=2mm 精加工外轮廓：n=1000r/min，f=0.1mm/r，精车 X 方向余量 0.5mm

（2）运行轨迹及数值计算

该零件加工运行轨迹如表 2-22 所示，数值计算如表 2-23 所示。

表 2-22　仿形轴加工运行轨迹

加工顺序	运行轨迹	轨迹说明
平右端面		手动

续表

加工顺序	运行轨迹	轨迹说明
粗车外轮廓		G73 仿形粗车循环路径
精车外轮廓		G70 精加工切削路径

表 2-23 数值计算

项　　目	计　　算	备　　注
总余量	X 轴方向：10mm Z 轴方向：0	毛坯 ϕ40mm，最小直径 ϕ20mm
精加工余量	Δu=0.4mm Δw=0	
粗车余量	X 轴方向：10−0.2=9.8mm Z 轴方向：0	
Δi、Δk	Δi：9.8−9.8/5=7.84mm Δk：0	背吃刀量取 2mm，粗车次数取 5 次

（3）加工程序

该零件加工程序如表 2-24 所示。

表 2-24 仿形轴加工程序

程　　序	说　　明
O0007	程序名
G54 G97 G99 G40；	建立工件坐标系，取消恒线速，转进给，取消刀补
T0101；	调 1 号刀、1 号刀补
M03 S800；	主轴正转，转速 800r/min
G00 X50.0 Z5.0；	快速定位至循环起点
G73 U7.84W0 R5；	粗车循环参数设定，径向、轴向精加工余量分别为 0.4mm、0，粗加工 5 次，进给速度 0.2mm/r
G73 P100 Q200 U0.4 W0 F0.2；	
N100 G42 G01 X19.983 Z2.0 S1000；	
G01 Z0.0 F0.1；	精加工刀具走刀路线描述，精加工时主轴转速 1000r/min、进给速度 0.1mm/r
X29.98 Z-12.0；	
Z-22.0；	

续表

程　　序	说　　明
G02 X29.98 Z-38.0 R10.0；	精加工刀具走刀路线描述，精加工时主轴转速 1000r/min、进给速度 0.1mm/r
G01 Z-45.0；	
G02 X35.98 Z-48.0 R3.0；	
G01 Z-57.0；	
X40.0；	
N200 G40 G01 X41.0；	
G70 P100 Q200；	精加工
G00 X100.0 Z100.0；	快速退刀
M30；	结束程序，并返回程序头

（4）仿真加工

该零件仿真加工操作步骤如表 2-25 所示，操作视频通过扫描二维码 M2-13 观看。

表 2-25　仿形轴仿真加工操作步骤

序号	操作步骤	操作要点
Ⅰ～Ⅳ	进入数控加工仿真系统 选择数控车床 开机 回参考点	见 2.2【任务实施】（4）仿真加工
Ⅴ	选择毛坯，并安装	毛坯尺寸 ϕ40mm×75mm，材料锻钢；安装毛坯
Ⅵ～Ⅺ	选择刀具，并输入刀具参数 外圆车刀对刀，并检验 输入程序 O 0007 运行程序 质量检测	见 2.2【任务实施】（4）仿真加工
Ⅻ	切断	手动

M2-13　仿形轴仿真加工操作

【技术指导】

① 基点的计算方法有两种：一是手工计算法；二是计算机绘图法。

② G73 指令参数计算中，总余量 =（毛坯直径 – 工件最小直径）/2。

③ 为避免加工时空走刀，Δi、Δk 数值可根据下式计算：

Δi =X 轴方向粗加工余量 –X 轴方向粗加工余量 / 粗车次数；

Δk =Z 轴方向粗加工余量 –Z 轴方向粗加工余量 / 粗车次数。

④ 凹面零件加工时，应注意刀具选择，通常选择尖形车刀，以避免刀具与工件表面产生干涉。

【同步训练】

训练 1. 编写如图 2-28 所示零件数控加工程序，并仿真加工。毛坯尺寸 ϕ40mm×80mm，材料 45 钢。

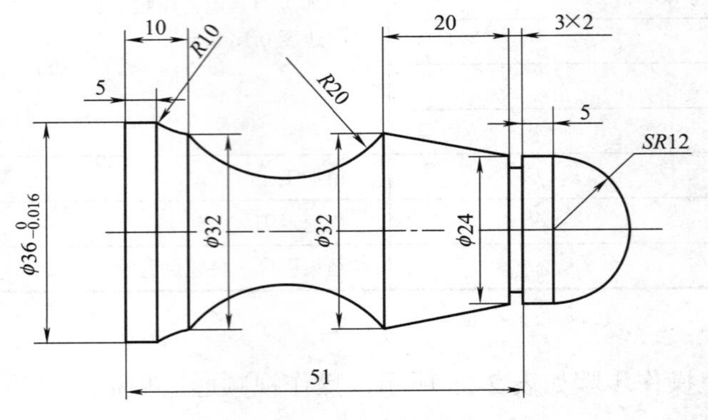

图 2-28　训练 1 零件图

训练 2. 编写如图 2-29 所示零件数控加工程序，并仿真加工。毛坯尺寸 ϕ30mm×85mm，材料 45 钢。

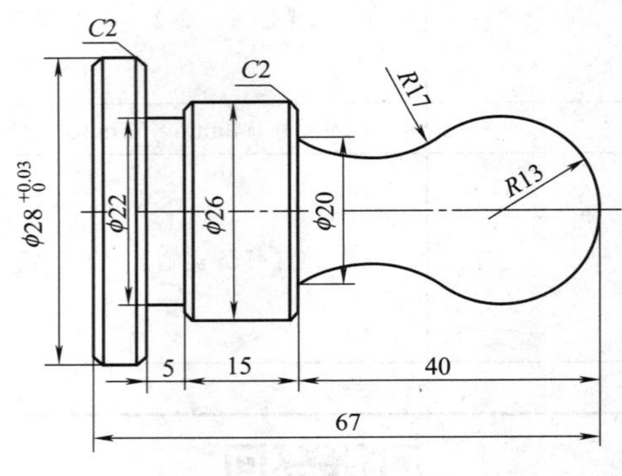

图 2-29　训练 2 零件图

训练 3. 编写如图 2-30 所示零件数控加工程序，并仿真加工。毛坯尺寸 ϕ30mm×85mm，材料 45 钢。

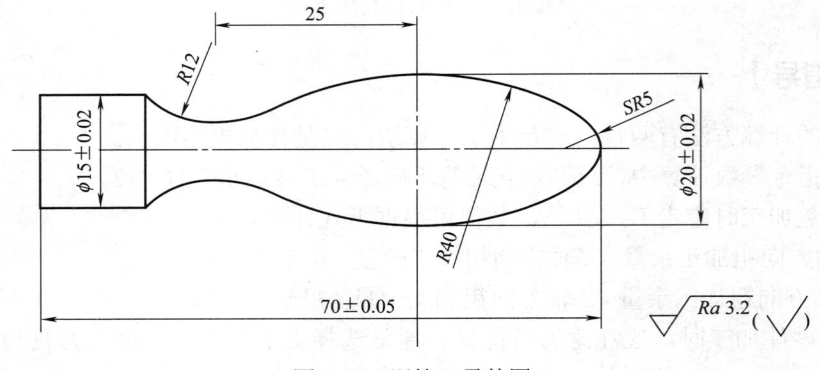

图 2-30　训练 3 零件图

2.6 普通螺纹零件的编程

【任务描述】

① 零件图样：如图 2-31 所示；
② 毛坯尺寸：ϕ40mm×120mm；
③ 毛坯材料：45 钢；
④ 考核要求：制定数控加工工艺方案，编写数控加工程序，仿真加工，达到图样技术要求。

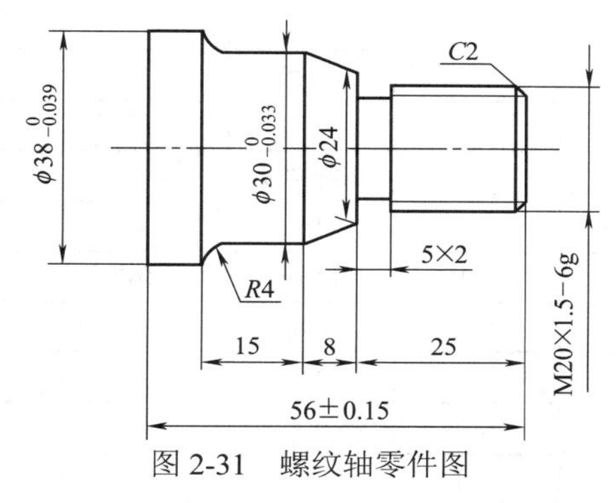

图 2-31　螺纹轴零件图

【任务目标】

① 理解螺纹加工走刀路线，合理编写螺纹加工工艺方案；
② 掌握 G32/G92/G76 指令功能、格式，熟悉其应用；
③ 正确编写普通螺纹零件（单头、多头、右旋、左旋）数控加工程序；
④ 学会螺纹刀对刀操作；
⑤ 学会数控加工仿真软件上螺纹质量检测的方法。

【相关知识】

（1）螺纹加工走刀路线

螺纹车削加工轴向走刀路线如图 2-32 所示，轴向走刀长度包括导入长度 δ_1、螺纹长度和导出长度 δ_2，其中导入长度 $\delta_1 \geqslant 2\times$ 导程，导出长度 $\delta_2 \geqslant$（1 ～ 1.5）× 导程。螺纹车削加工径向走刀路线如图 2-33 所示。

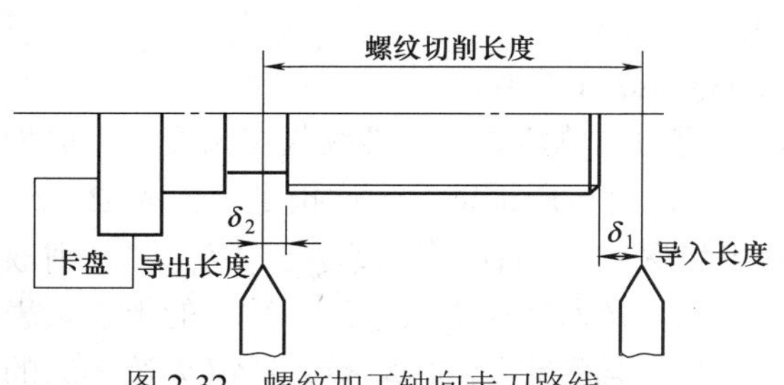

图 2-32　螺纹加工轴向走刀路线

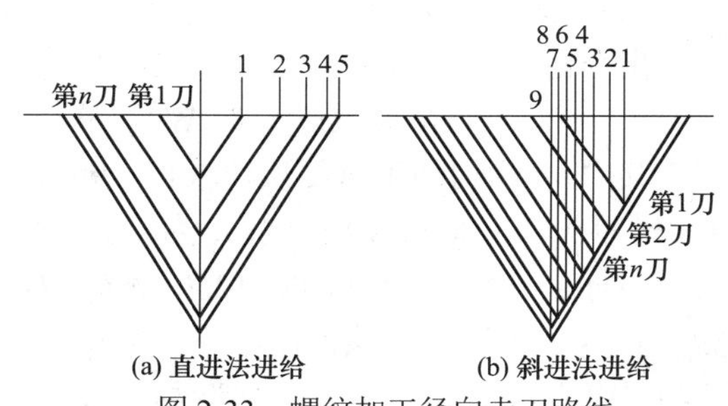

图 2-33　螺纹加工径向走刀路线

螺纹车削加工走刀次数与背吃刀量如表 2-26 所示。

表 2-26　常用螺纹切削的走刀次数与背吃刀量　mm

米制螺纹								
螺距		1.0	1.5	2.0	2.5	3.0	3.5	4.0
牙深（半径量）		0.649	0.974	1.299	1.624	1.949	2.273	2.598
走刀次数与背吃刀量（直径量）	1 次	0.7	0.8	0.9	1.0	1.2	1.5	1.5
	2 次	0.4	0.6	0.6	0.7	0.7	0.7	0.8
	3 次	0.2	0.4	0.6	0.6	0.6	0.6	0.6
	4 次		0.16	0.4	0.4	0.4	0.6	0.6
	5 次			0.1	0.4	0.4	0.4	0.4
	6 次				0.15	0.4	0.4	0.4
	7 次					0.2	0.2	0.4
	8 次						0.15	0.3
	9 次							0.2
英制螺纹								
牙 /in		24	18	16	14	12	10	8
牙深（半径量）		0.678	0.904	1.016	1.162	1.355	1.626	2.033
走刀次数与背吃刀量（直径量）	1 次	0.8	0.8	0.8	0.8	0.9	1.0	1.2
	2 次	0.4	0.6	0.6	0.6	0.6	0.7	0.7
	3 次	0.16	0.3	0.5	0.5	0.6	0.6	0.6
	4 次		0.11	0.14	0.3	0.4	0.4	0.5
	5 次				0.13	0.21	0.4	0.5
	6 次						0.16	0.4
	7 次							0.17

（2）编程指令

① 螺纹切削 G32 指令。

指令格式：G32 X（U）__ Z（W）__ F__；

其中，X（U）、Z（W）为螺纹切削目标点的坐标，F 为螺纹导程。

② 螺纹切削单一固定循环 G92 指令。

指令格式：G92 X（U）__ Z（W）__ F__；

G92 X（U）__ Z（W）__ R__ F__；

其中，X（U）、Z（W）为螺纹切削目标点的坐标；F 为螺纹导程；R 为圆锥螺纹锥面始点坐标减去终点坐标，半径量，有正、负之分。

③ 螺纹切削复合循环 G76 指令。

指令格式：G76 P（m）（r）（α）Q（Δd_{min}）R（d）；

G76 X（U）__ Z（W）__ R（i）P（k）Q（Δd）F（f）；

其中，m 为精加工重复次数（1 ～ 99）；r 为斜向退刀量单位数，或螺纹收尾长度，一般为（0.1 ～ 9.9）L，00 ～ 99 指定；α 为刀尖角度；m、r、α 为可用地址，一次指定，如 m=2，r=1.2f，α=60° 时，可写成 P021260；Δd_{min} 为最小切削深度，当计算深度小于 Δd_{min} 时，则取 Δd_{min} 作为切削深度，该值用不带小数点的半径量表示；d 为精加工余量，小数点的半径量表示；i 为锥螺纹的半径差；k 为螺纹高度，不带小数点的半径量表示，取整数；Δd 为第一刀的切削深度，不带小数点的半径量表示；f 为螺纹导程。

【任务实施】

（1）制定工艺方案

螺纹轴加工工艺方案如表 2-27 所示。

表 2-27　螺纹轴加工工艺方案

项　　目	说　　明
系统设备	FANUC 0i 数控车床
刀具选择	T1：主偏角 93° 外圆车刀 T2：5mm 车槽刀 T3：刀尖角 60° 螺纹刀
工件装夹	三爪自定心卡盘直接装夹，保证毛坯伸出卡盘外 65mm 以上
工件坐标原点设定	工件坐标原点取零件右端面与回转轴线的交点
加工方案	平右端面（手动）→粗车外轮廓→精车外轮廓→车槽→车螺纹→切断（手动）
切削用量选择	粗加工外轮廓：n=800r/min，f=0.2mm/r，a_p=2mm 精加工外轮廓：n=1000r/min，f=0.1mm/r，精车 X 方向余量 0.5mm 车槽：n=600r/min，f=0.1mm/r，a_p=5mm 车螺纹：n=600r/min，f=1.5mm/r，a_p 由大到小

（2）运行轨迹

螺纹轴加工运行轨迹及其数值计算如表 2-28 所示。

表 2-28　螺纹轴加工运行轨迹及其数值计算

加工顺序	运行轨迹	说明及数值计算
平右端面	C D B A	手动
粗车外轮廓	C B Z D E H G F J I K A X	G71 多重复合循环切削路径
精车外轮廓	C B Z D E H G F J I K A X	G70 精加工切削路径

续表

加工顺序	运行轨迹	说明及数值计算
车槽	M Z L X	→ L（30.0，−25.0） → M（16.0，−25.0） → L（30.0，−25.0）
车螺纹	Z Q P T N X	G76 螺纹复合循环切削路径

（3）加工程序

螺纹轴加工程序如表 2-29 所示。

表 2-29　螺纹轴加工程序

程　序	说　明
O0008	程序名
G54 G97 G99 G40；	建立工件坐标系，取消恒线速，转进给，取消刀补
T0101；	调 1 号刀、1 号刀补
M03 S800；	主轴正转，转速 800r/min
G00 X42.0 Z3.0；	快速定位至循环起点
G71 U2.0 R1.0；	粗车循环参数设定
G71 P100 Q200 U0.5 W0.2 F0.2；	
N100 G42 G00 X14.0 S1000；	精加工刀具走刀路线描述
G01 Z1.0 F0.1；	
X20.0 Z-2.0；	
Z-25.0；	
X24.0；	
X30.0 Z-33.0；	
Z-44.0；	
G02 X38.0 Z-48.0 R4.0；	
G01 Z-56.0；	
X41.0；	
N200 G40 G01 X42.0；	
G70 P100 Q200；	精加工

续表

程　　序	说　　明
G00 X100.0 Z100.0；	快速退刀
M05；	主轴停转
M00；	程序暂停
T0202；	调 2 号刀、2 号刀补
M03 S600；	主轴变速 600r/min
G00 X30.0 Z-25.0；	快速定位
G01 X16.0 F0.1；	车槽
X30.0；	
G00 X100.0 Z100.0；	快速退刀
T0303；	调 3 号刀、3 号刀补
G00 X30.0 Z5.0；	快速定位
G92 X19.2 Z-22.0 F1.5；	车螺纹
X18.6；	
X18.2；	
X17.252；	
G00 X100.0 Z100.0；	快速退刀
M30；	结束程序，并返回程序头

（4）仿真加工

螺纹轴仿真加工操作步骤如表 2-30 所示，操作视频通过扫描二维码 M2-14 观看。

表 2-30　螺纹轴仿真加工操作步骤

序号	操作步骤	操作要点
Ⅰ～Ⅴ	进入数控加工仿真系统 选择数控车床 开机 回参考点 选择毛坯，并安装	见 2.2【任务实施】(4) 仿真加工
Ⅵ	选择刀具	1～3 号刀位分别安装 93° 外圆车刀、4mm 车槽刀、60° 螺纹刀，并将刀具参数输入刀具参数表
Ⅶ～Ⅷ	外圆车刀对刀，并检验	扫描二维码 M2-3 查看外圆车刀对刀操作
	车槽刀对刀，并检验	扫描二维码 M2-7 查看车槽刀对刀操作

序号	操作步骤	操作要点
Ⅸ	螺纹刀对刀，并检验	螺纹刀 Z 方向对刀：主轴正转，径向切入工件，X 方向退刀，此时 Z 方向不动，使主轴停转，测量当前刀位点在工件坐标系中的 Z 坐标值，在刀具补偿界面（形状）中，将光标移至 3 号刀位，输入“Z 测量值”，按［测量］软键 螺纹刀 X 方向对刀操作步骤同外圆车刀，测量后，在刀具补偿界面（形状）中，将光标移至 3 号刀位，输入“X 测量值”，按［测量］软键 对刀后检验，参考程序“G54 G00 X 毛坯直径 Z0 T0303” 螺纹刀对刀操作通过扫描二维码 M2-15 查看
Ⅹ～Ⅻ	输入程序 运行程序 质量检测	见 2.2【任务实施】（4）仿真加工

M2-14　螺纹轴仿真加工操作

M2-15　螺纹刀对刀操作

【技术指导】

① 螺纹刀对刀时，仿真操作与实操不同；仿真操作需切入工件后测量，实操时，轴向尺寸采用静对刀，径向尺寸需切入工件；

② 螺纹加工时，仿真加工不考虑材料变形，实操则要考虑材料塑性变形；

③ 用 G92 指令加工锥形螺纹时，注意 R 值有正负之分；

④ 加工双头螺纹时，在加工第二头时，螺纹刀起始位置需要沿 Z 轴偏移一个螺距，加工多头螺纹时，以此类推，加工左旋螺纹时，螺纹刀走刀由左至右。

【同步训练】

训练 1. 编制如图 2-34 所示零件数控加工程序，并仿真加工。毛坯尺寸 ϕ40mm×85mm，材料 45 钢。

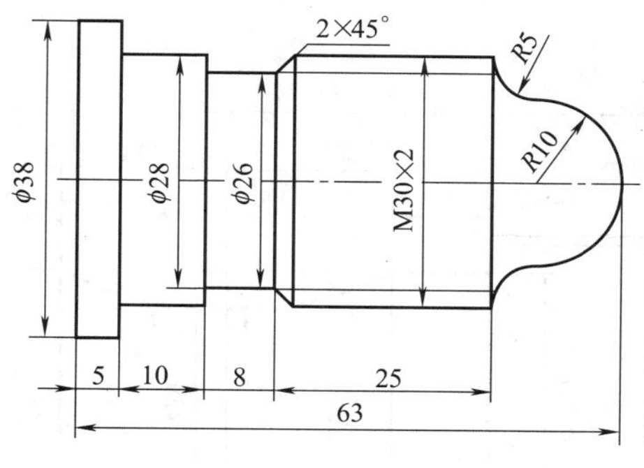

图 2-34 训练 1 零件图

训练 2. 编制如图 2-35 所示零件加工程序，并仿真加工。毛坯尺寸为 ϕ50mm×100mm，材料 45 钢。

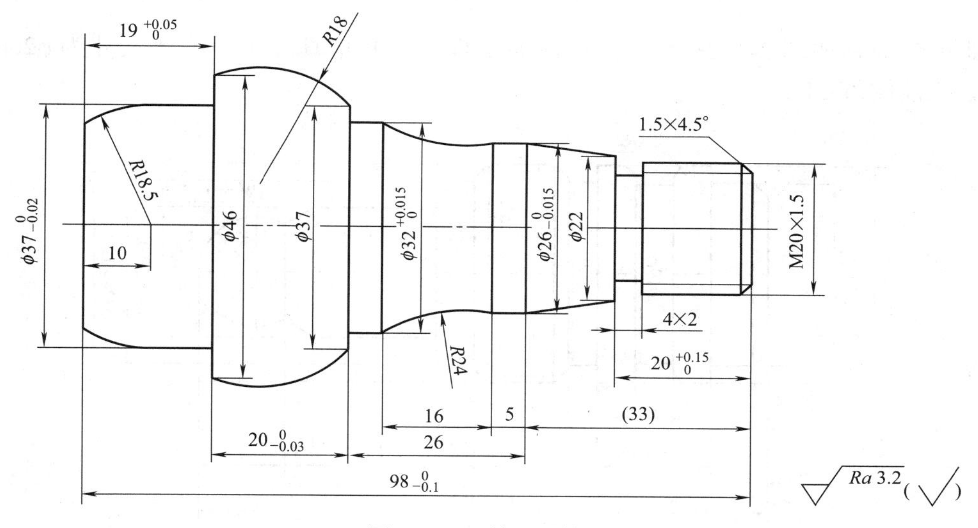

图 2-35 训练 2 零件图

训练 3. 编制如图 2-36 所示零件数控加工程序，并仿真加工。毛坯尺寸为 ϕ50mm×100mm，材料为 45 钢。

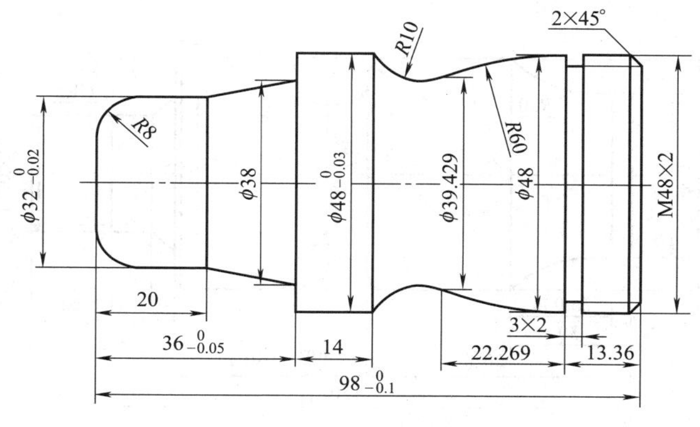

图 2-36 训练 3 零件图

训练 4. 编制如图 2-37 所示零件数控加工程序，并仿真加工。毛坯尺寸为 ϕ38mm×80mm，未注倒角 C2。

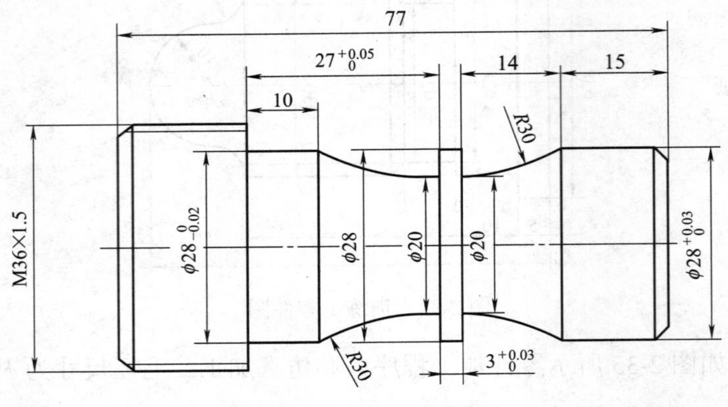

图 2-37 训练 4 零件图

训练 5. 编制如图 2-38 所示零件数控加工程序，并仿真加工。毛坯尺寸为 ϕ26mm×62mm，未注倒角 C1.5。

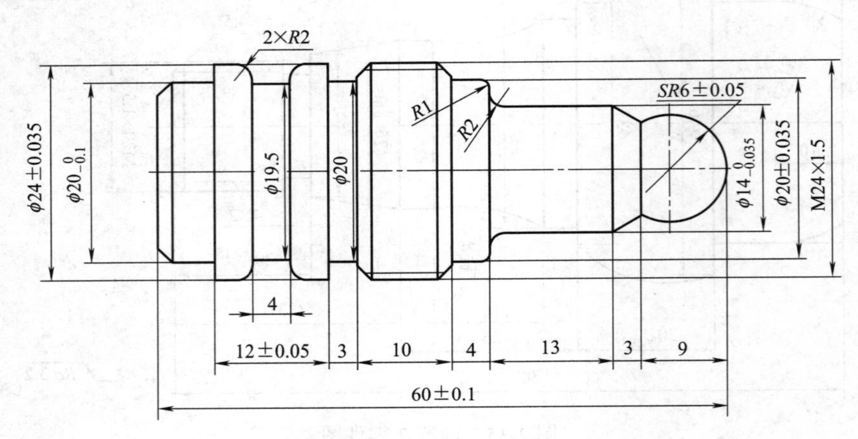

图 2-38 训练 5 零件图

训练 6. 编制如图 2-39 所示零件数控加工程序，并仿真加工。毛坯尺寸为 ϕ62mm×152mm。

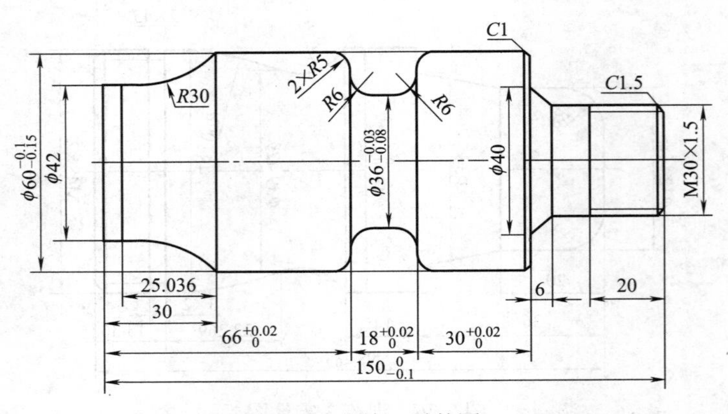

图 2-39 训练 6 零件图

训练 7. 编制如图 2-40 所示零件数控加工程序，并仿真加工。未注倒角 $C2$。毛坯尺寸为 ϕ40mm×43mm，材料为 45 钢。

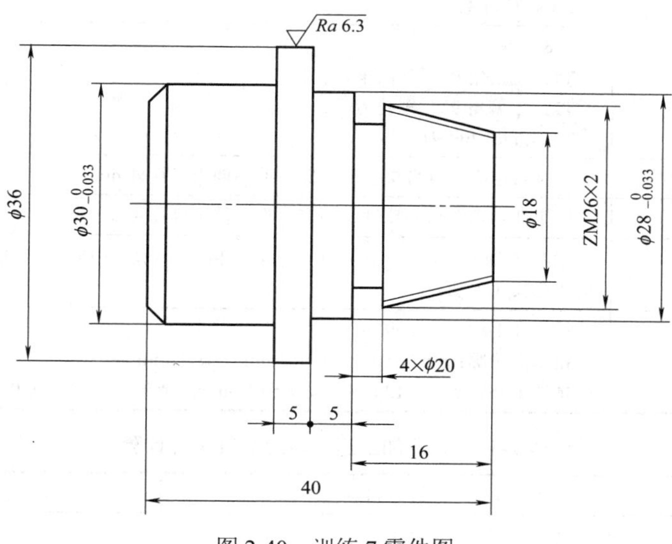

图 2-40　训练 7 零件图

2.7　简单套零件的编程

【任务描述】

① 零件图样：如图 2-41 所示；

② 毛坯尺寸：ϕ50mm×65mm；

③ 毛坯材料：Al；

④ 考核要求：制定数控加工工艺方案，编写数控加工程序，仿真加工，达到图样技术要求。

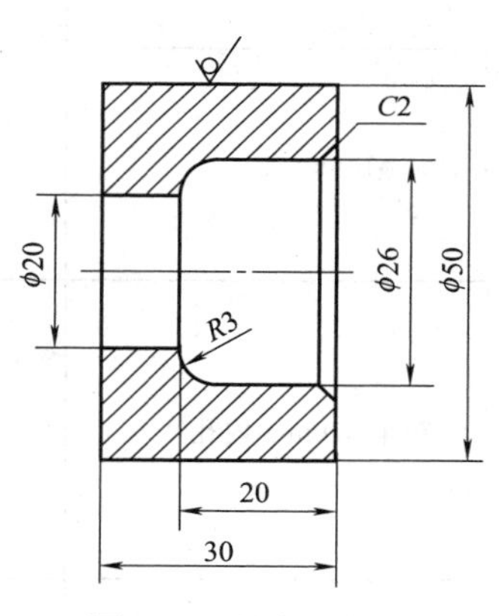

图 2-41　轴套零件图

【任务目标】

① 学会套类零件加工工艺方案的制定；

② 学会套类零件数控加工走刀路线的绘制；

③ 学会钻孔操作；

④ 学会车孔刀、内槽车刀、内螺纹车刀的对刀操作；

⑤ 编写套类零件数控加工程序。

【任务实施】

（1）制定工艺方案

轴套加工工艺方案如表 2-31 所示。

（2）运行轨迹及其坐标数值计算

轴套加工运行轨迹及其坐标计算如表 2-32 所示。

表 2-31　轴套零件加工工艺方案

项　目	说　明
系统设备	FANUC 0i 数控车床
刀具选择	ϕ18 钻头 T1：主偏角 93° 外圆车刀 T2：主偏角 93° 车孔刀 T3：4mm 切断刀
工件装夹	三爪自定心卡盘直接装夹，保证毛坯伸出卡盘外 40mm 以上
工件坐标原点设定	取工件右端面与回转轴线的交点为工件坐标原点
加工方案	平右端面（手动）→钻孔（手动）→粗车内轮廓→精车内轮廓→切断（手动）→调头找总长（手动）
切削用量选择	钻孔（手动）：n=600r/min 粗车内轮廓：n=800r/min，f=0.2mm/r，a_p=3mm 精加工外轮廓：n=1200r/min，f=0.1mm/r，精车 X 方向余量 0.5mm

表 2-32　轴套加工运行轨迹及其坐标计算

加工顺序	运行轨迹	坐标计算
平右端面	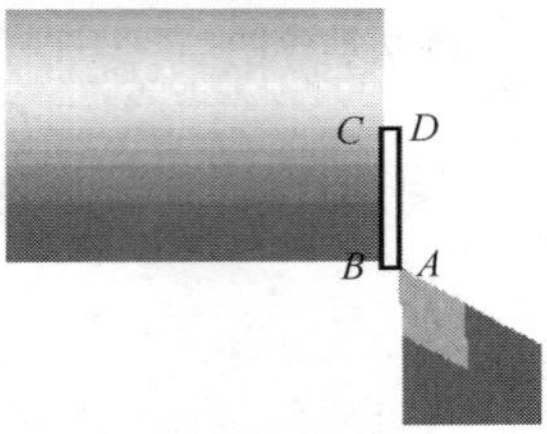 C D B A	手动
钻 ϕ18mm 孔	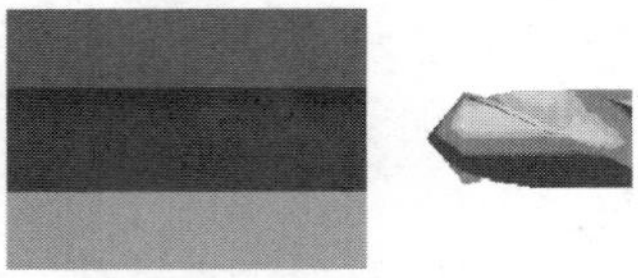	手动
粗车 ϕ20mm 内孔	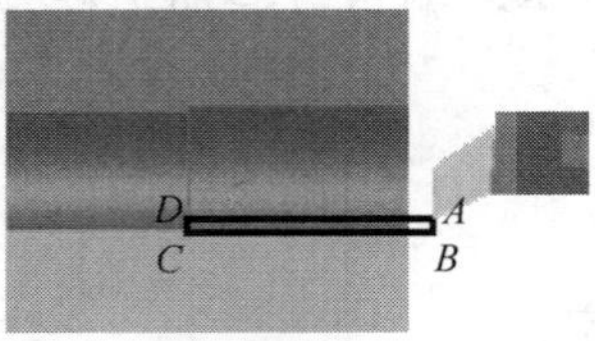 D A C B	起刀点 A（18.0,3.0） → B（19.5,3.0） → C（19.5,−35.0） → D（19.5,−35.0） → A（18.0,3.0）
粗车 ϕ26mm 内孔、R3 圆弧	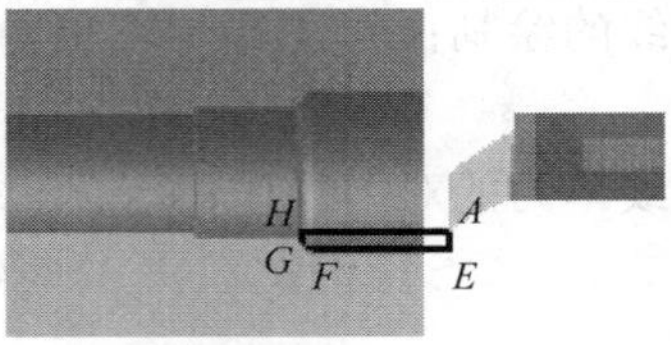 H A G F E	→ E（25.0,3.0） → F（25.0,−17.0） → G（20.0,−19.5） → H（19.0,−19.5） → A（19.0,3.0）
精车内轮廓	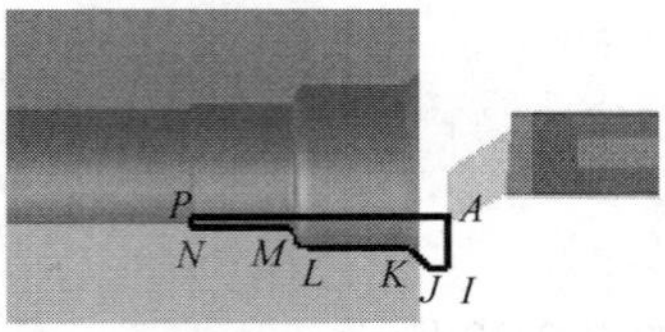 P A N M L K J I	→ I（32.0,3.0） → J（32.0,1.0） → K（26.0,−2.0） → L（26.0,−17.0） → M（20.0,−20.0） → N（20.0,−35.0） → P（19.0,−35.0）

（3）加工程序

轴套加工程序如表2-33所示。

表2-33 轴套零件加工程序

程　　序	说　　明
O0009	程序名
G54 G97 G99 G40；	建立工件坐标系，取消恒线速，转进给，取消刀补
T0202；	调2号刀、2号刀补
M03 S800；	主轴正转，转速800r/min
G00 X18.0 Z3.0；	快速定位至循环起点
G90 X19.5 Z-35.0 F0.2；	粗车内孔
G00 X25.0；	快速定位至*A*点
G01 Z-17.0 F0.2；	直线插补至*F*点
G03 X20.0 Z-19.5 R2.5；	圆弧插补至*G*点
G01 X19.0；	直线插补至*H*点
G00 Z3.0；	快速返回至*A*点
S1200；	精车变速
G41 G00 X32.0；	精加工
G01 Z1.0 F0.1；	
X26.0 Z-2.0；	
Z-17.0；	
G03 X20.0 Z-20.0 R3.0；	
G01 Z-35.0	
G40 G01 X19.0	
G00 Z50.0；	快速退刀
X50.0	
M05；	主轴停转
M30；	程序结束，并返回程序头

（4）仿真加工

轴套仿真加工操作步骤如表2-34所示，操作视频通过扫描二维码M2-16观看。

表2-34 轴套零件仿真加工操作步骤

序号	操作步骤	操作要点
Ⅰ～Ⅴ	进入数控加工仿真系统 选择数控机床 开机 回参考点 选择毛坯，并安装	见2.1【相关知识】（3）数控车床仿真加工
Ⅵ	选择刀具，输入刀具参数	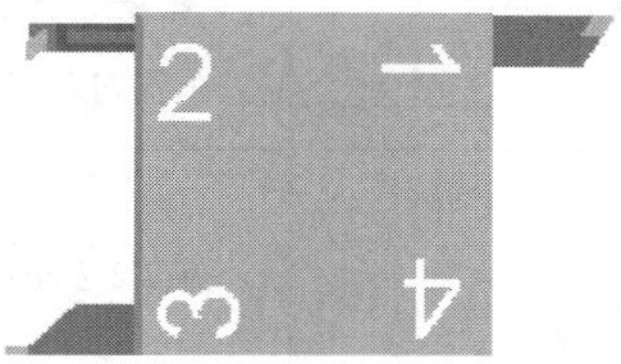 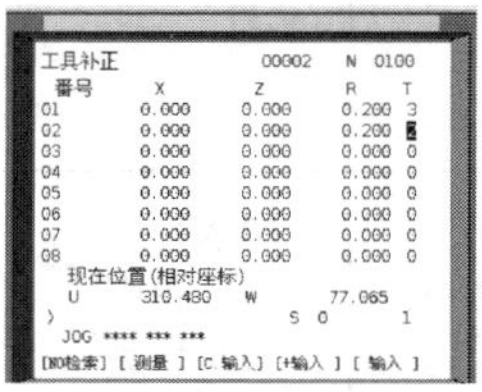

续表

序号	操作步骤	操作要点
Ⅶ	外圆车刀对刀	扫描二维码 M2-3 查看外圆车刀对刀操作
Ⅷ	钻头选择，并钻孔	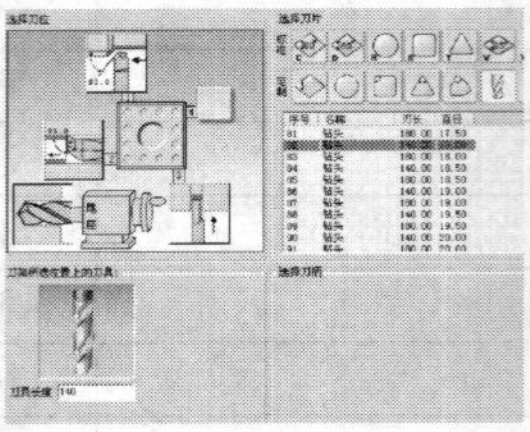 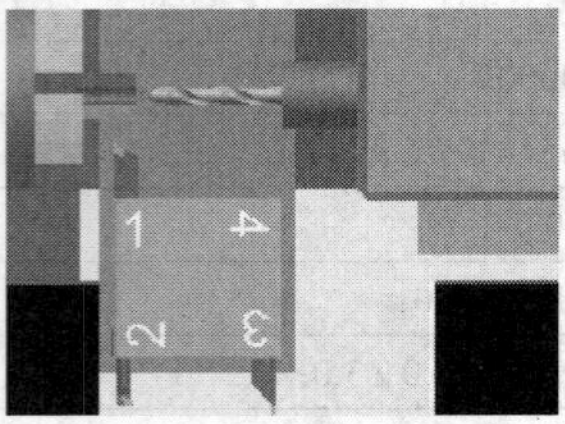
Ⅸ	车孔刀对刀，并检验	Z方向对刀：沿Z方向车孔，X负方向退刀，此时Z方向不动，主轴停转，测量所切轴肩在工件坐标系中Z方向尺寸，在刀具补偿界面（形状）中 2 号刀位处，输入“Z 测量值”，按［测量］软键 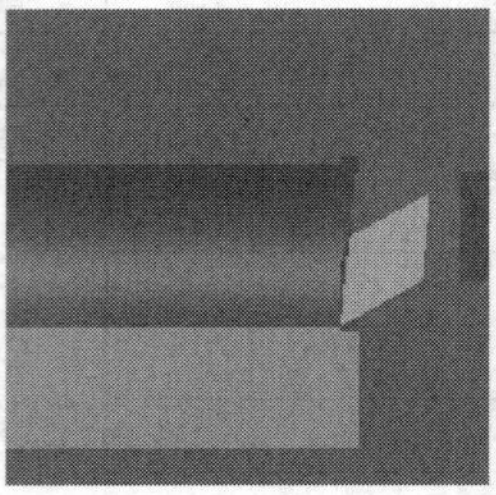 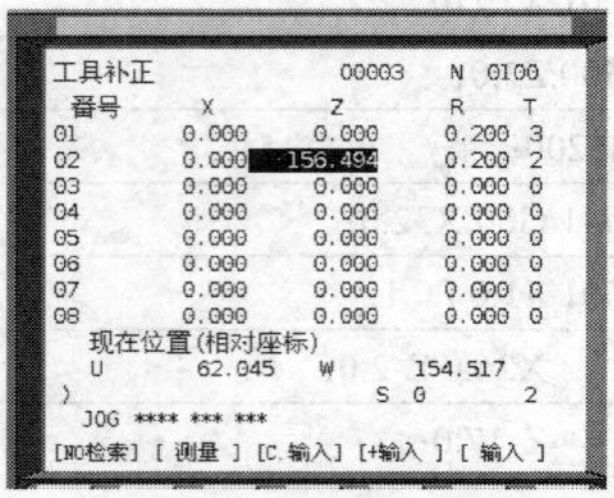 X方向对刀：沿Z方向车孔，Z方向退刀，此时X方向不动，主轴停转，测量加工表面径向尺寸，2 号刀位处，输入“X测量值”，按［测量］软键 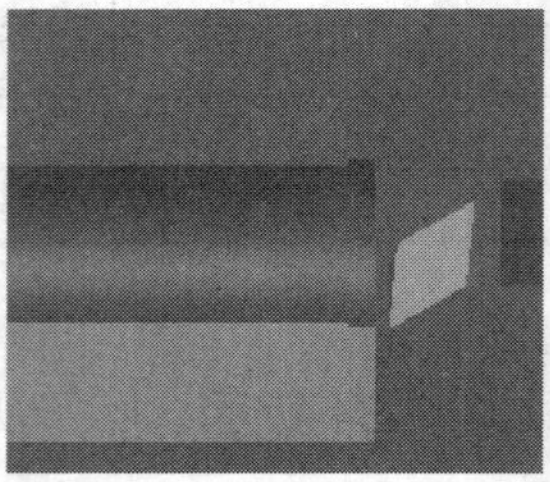  对刀后要检验，参考程序“G54 G00 X0. Z0 T0202” 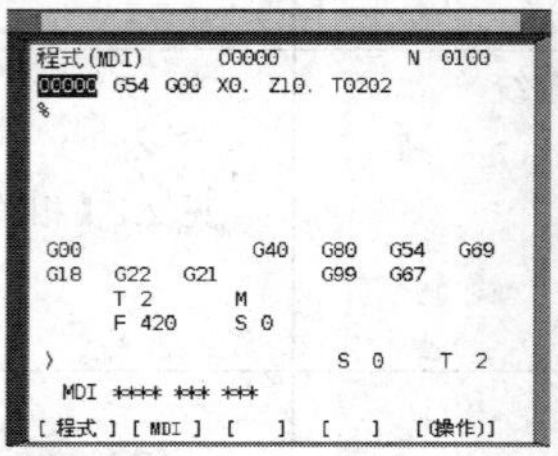 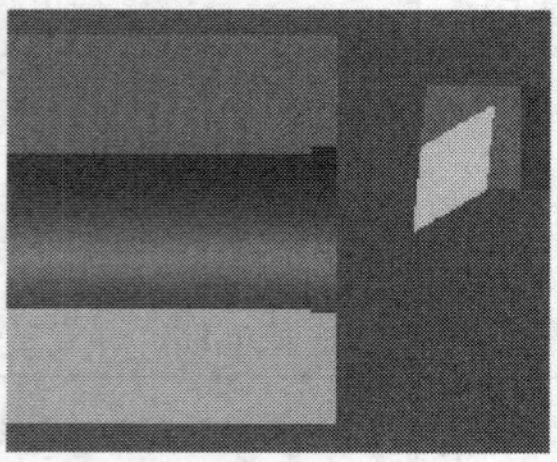 车孔刀对刀操作视频通过扫描二维码 M2-17 观看
Ⅹ～Ⅻ	输入程序 运行程序 质量检测	见 2.2【任务实施】(4) 仿真加工

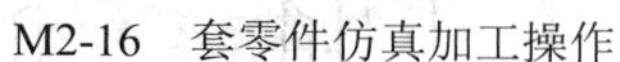

M2-16　套零件仿真加工操作

M2-17　车孔刀对刀操作

【技术指导】

① 根据工艺要求及工件结构特点合理选择刀具，如钻头长度应足够长，车孔刀的刀杆直径要小于钻头直径，车孔刀的刀杆长度应大于车孔深等；

② 车孔时应注意退刀方向，即车孔刀对刀时退刀方向与车外圆相反。

【同步训练】

训练1. 编制如图2-42所示零件数控加工程序，并仿真加工。毛坯尺寸为ϕ50mm×85mm，材料45钢。

训练2. 绘制如图2-43所示零件数控加工走刀路线，编制数控加工程序，并仿真加工。毛坯为ϕ38mm×62mm。

训练3. 编制如图2-44所示零件数控加工程序，并仿真加工。毛坯尺寸为ϕ50mm×100mm，材料45钢，未注倒角C2。

训练4. 编制如图2-45所示零件数控加工程序，并仿真加工。毛坯尺寸为ϕ40mm×102mm，材料45钢。

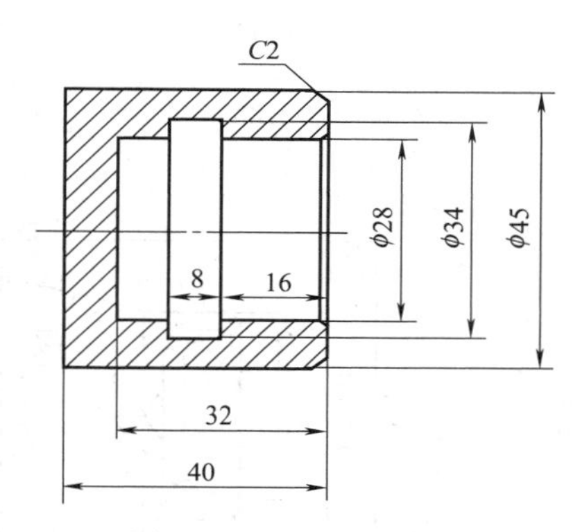

图2-42　训练1零件图

训练5. 编制如图2-46所示零件数控加工程序，并仿真加工。毛坯尺寸为ϕ50mm×125mm，材料45钢。

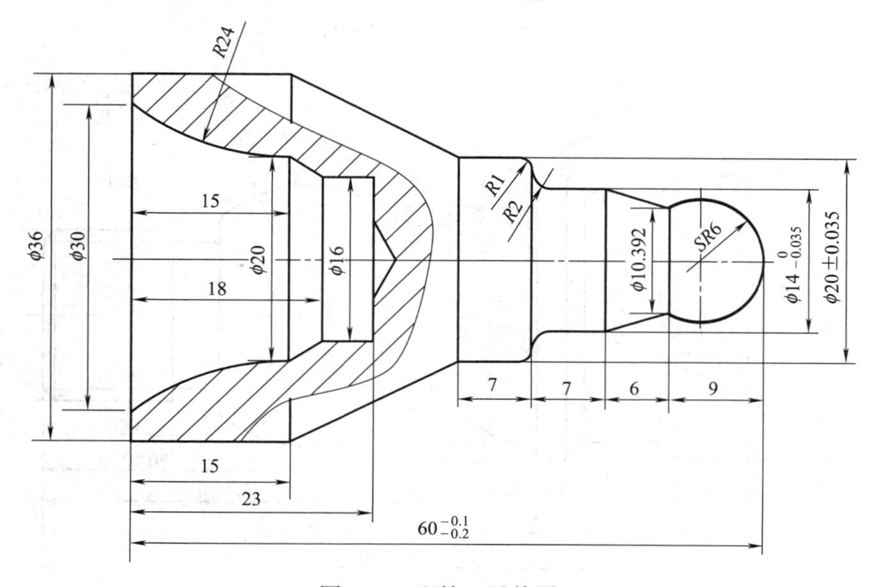

图2-43　训练2零件图

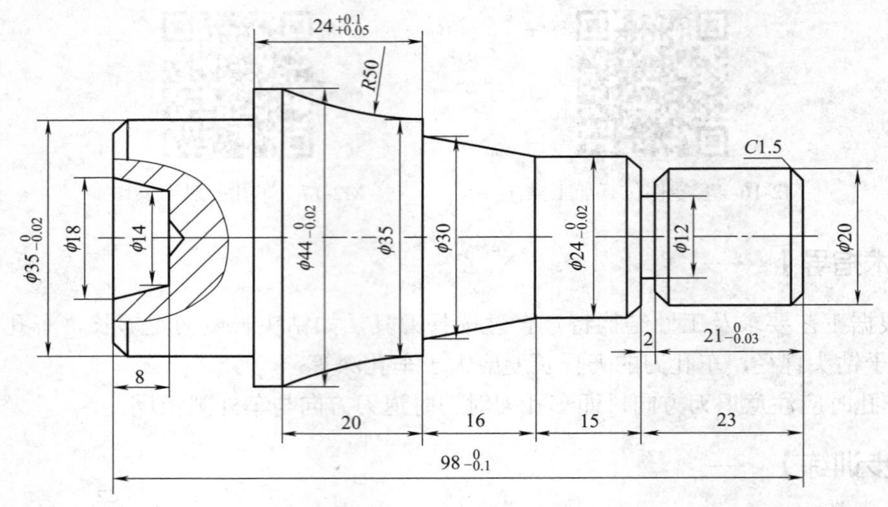

图 2-44 训练 3 零件图

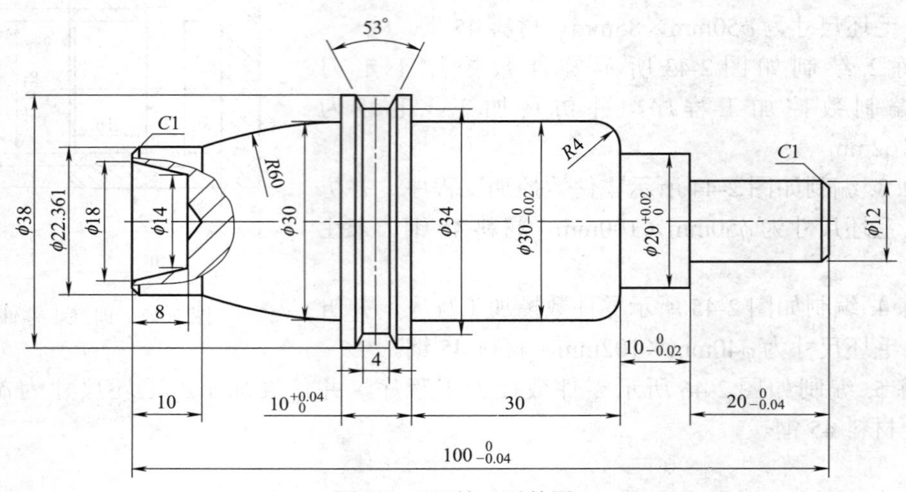

图 2-45 训练 4 零件图

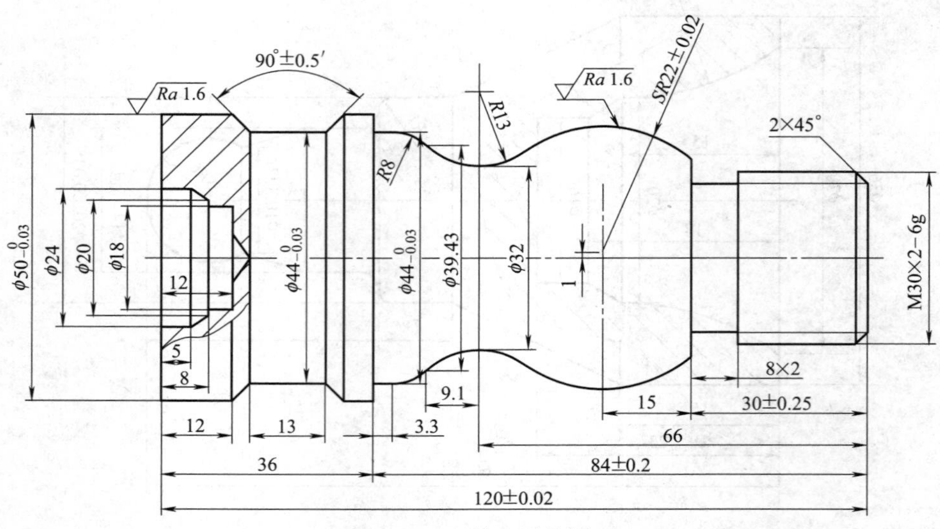

图 2-46 训练 5 零件图

2.8　复杂套零件的编程

【任务描述】

① 零件图样：如图 2-47 所示；

② 毛坯尺寸：ϕ50mm×60mm；

③ 毛坯材料：45 钢；

④ 考核要求：制定数控加工工艺方案，编写数控加工程序，仿真加工，达到图样技术要求。

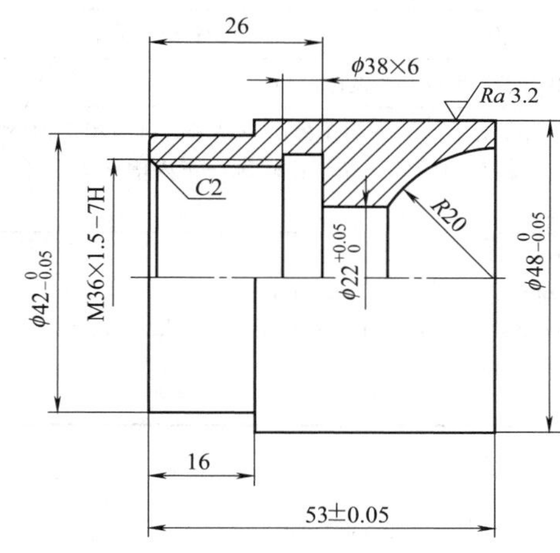

技术要求

1.未注表面粗糙度 Ra 6.3μm。

2.未注倒角 C1。

图 2-47　定位套零件图

【任务目标】

① 学会合理安排复杂套类零件工艺方案；

② 熟悉 G71/G73/G70 指令在内轮廓零件加工中的应用，正确编写复杂内轮廓零件的数控加工程序；

③ 熟练使用数控加工仿真软件进行套类零件仿真加工及质量检测。

【任务实施】

（1）制定工艺方案

定位套加工工艺方案如表 2-35 所示。

表 2-35　定位套加工工艺方案

项　目	说　明
图样分析	① 毛坯尺寸为 ϕ50mm×60mm，材料 45 钢 ② 该零件加工表面有内外轮廓、端面、内槽、内螺纹等，需要钻孔、调头加工 ③ 该零件加工最突出部分是使用刀具多、加工精度高
系统设备	FANUC 0i 数控车床

续表

项　　目	说　　明
刀具选择	ϕ20 钻头 T1：主偏角 93° 外圆车刀 T2：主偏角 95°、直径 ϕ18mm 车孔刀 T3：刀宽 4mm、切槽深度大于 5mm 的内槽车刀 T4：60° 内螺纹车刀
工件装夹	三爪自定心卡盘直接装夹，先夹左端加工右端，再夹右端（刚度好）加工左端
工件坐标原点设定	取工件右端面与回转轴线的交点为工件坐标原点
加工方案	① 平右端面（手动）→钻孔（手动）→粗车外圆→精车外圆→粗车内轮廓→精车内轮廓 ② 调头找总长（手动）→粗车内轮廓→精车内轮廓→车内槽→车内螺纹→粗车外圆→精车外圆
切削用量选择	钻孔（手动）：n=600r/min 粗车内外轮廓：n=800r/min，f=0.2mm/r，a_p=3mm 精车内外轮廓：n=1200r/min，f=0.1mm/r，精车 X 方向余量 0.5mm 车内槽：n=600r/min，f=0.1mm/r，a_p=4mm 车内螺纹：n=600r/min，f=1.5mm/r

（2）运行轨迹及其数值计算

定位套加工中的运行轨迹及其数值计算如表 2-36 所示。

表 2-36　定位套加工运行轨迹及数值计算

加工顺序	运行轨迹	坐标计算
平右端面		手动
钻孔		手动
粗车外轮廓、精车外轮廓	F E C B D A	起刀点 A（52.0，3.0） → C（48.5，−40.0） → F（47.975，−40.0）

续表

加工顺序	运行轨迹	坐标计算
粗车内轮廓、精车内轮廓	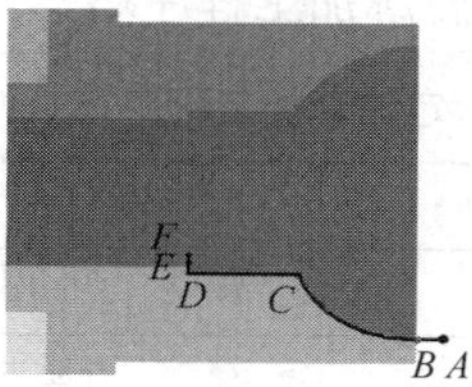 F E D C B A	→ A（40.0，3.0） → B（40.0，0） → C（22.025，-16.695） → D（22.025，-30.0） → E（21.0，-30.0） → F（20.0，-30.0）
调头找总长	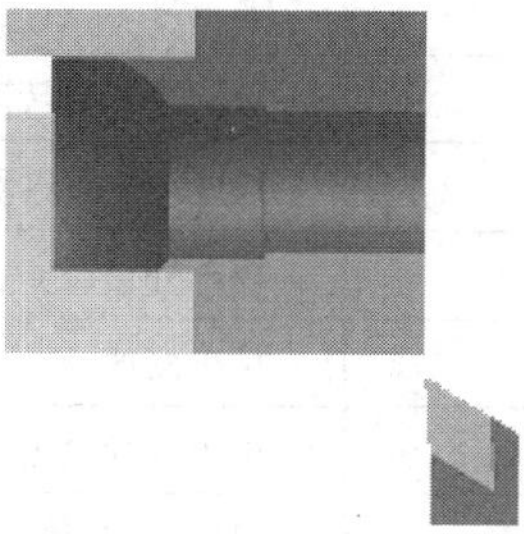	手动
粗车内轮廓、精车内轮廓	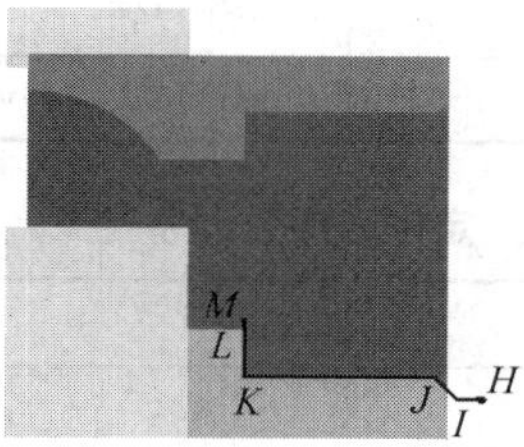 M L K J H I	→ H（40.5，3.0） → I（40.5，1.0） → J（34.5，-2.0） → K（34.5，-26.0） → L（21.0，-26.0） → M（20.0，-26.0）
车内槽	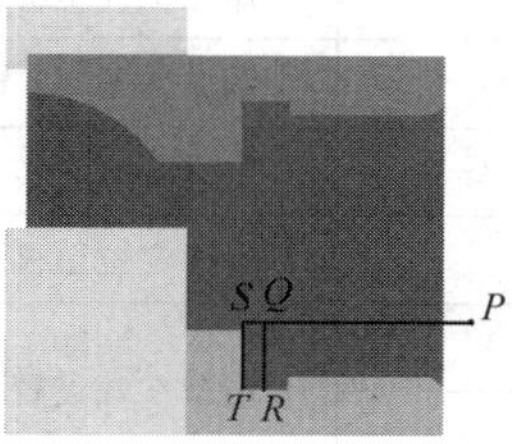 S Q P T R	起刀点 P（20.0，3.0） → Q（20.0，-24.0） → R（38.0，-24.0） → Q（20.0，-24.0） → S（20.0，-26.0） → T（38.0，-26.0）
车内螺纹	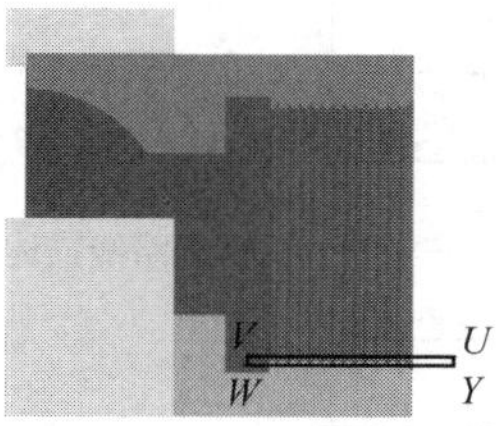 V U W Y	起刀点 U（30.0，5.0） … → W（36.448，-23.0）
粗车外圆、精车外圆	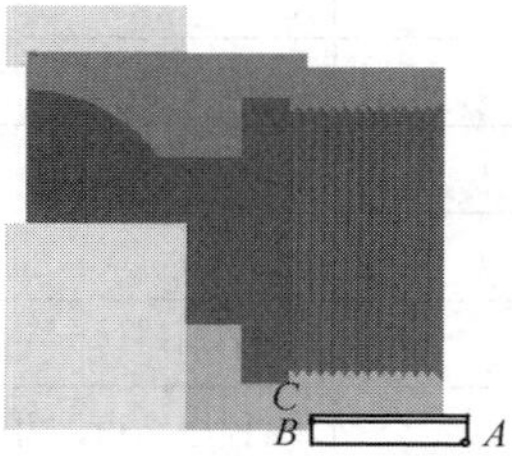 C B A	起刀点 A（52.0，3.0） → B（46.0，-16.0） → C（42.5，-16.0） → D（42.0，-16.0）

（3）加工程序

定位套右端外轮廓加工程序如表 2-37 所示，右端内轮廓加工程序如表 2-38 所示，左端内轮廓加工程序如表 2-39 所示，左端外轮廓加工程序略。

表 2-37　定位套加工程序（一）

程　　序	说　　明
O0010（右端外轮廓）	程序名
G54 G97 G99 G40；	建立工件坐标系，取消恒线速，转进给，取消刀补
T0101；	调 1 号刀、1 号刀补
M03 S800；	主轴正转，转速 800r/min
G00 X52.0 Z3.0；	快速定位至循环起点
G90 X48.5 Z-40.0 F0.2；	粗车外径至 *C* 点
S1200；	精车变速
G90 X47.975 Z-40.0 F0.08；	精车外径至 *F* 点
G00 X100.0 Z100.0；	快速退刀
M05；	主轴停转
M30；	程序结束，并返回程序头

表 2-38　定位套加工程序（二）

程　　序	说　　明
O0011（右端内轮廓）	程序名
G54 G97 G99 G40；	建立工件坐标系，取消恒线速，转进给，取消刀补
T0202；	调 2 号刀、2 号刀补
M03 S800；	主轴正转，转速 800r/min
G00 X18.0 Z3.0；	快速定位至循环起点
G71 U2.0 R1.0；	粗车参数设置
G71 P10 Q20 U-0.4 W0.2 F0.2；	
N10 G41 G01 X40.0 S1200 F0.1；	精车路线描述
Z0；	
G03 X22.025 Z-16.695 R20.0；	
G01 Z-30.0；	
X20.0；	
N20 G40 G01 X21.0；	
G70 P10 Q20；	精车
G00 X100.0；	快速退刀
Z100.0；	
M05；	主轴停转
M30；	程序结束，并返回程序头

表 2-39 定位套加工程序（三）

程 序	说 明
O0013（左端内腔）	程序名
G54 G97 G99 G40；	建立工件坐标系，取消恒线速，转进给，取消刀补
T0202；	调 2 号刀、2 号刀补
M03 S800；	主轴正转，转速 800r/min
G00 X18.0 Z3.0；	快速定位至循环起点
G71 U2.0 R1.0；	粗车参数设置
G71 P10 Q20 U-0.4 W0.2 F0.2；	
N10 G41 G01 X40.5 S1200 F0.1；	精车路线描述
Z1.0；	
X34.5 Z-2.0；	
Z-26.0；	
X21.0；	
N20 G40 G01 X22.0；	
G70 P10 Q20；	精车
G00 X100.0；	快速退刀
Z100.0；	
M05；	主轴停转
M00；	程序暂停
T0303；	调 3 号刀、3 号刀补
M03 S600；	主轴正转，转速 600r/min
G00 X32.0；	快速定位至槽加工起点 *P* 点
Z-24.0；	车内槽
G01 X37.0 F0.1；	
X32.0；	
G00 Z-26.0；	
G01 X38.0；	
Z-24.0；	
X32.0；	
G00 Z100.0；	快速退刀
X100.0；	
M05；	主轴停转
M00；	程序暂停
T0404；	调 4 号刀、4 号刀补
M03 S600；	主轴正转，转速 600r/min
G00 X32.0 Z5.0；	快速定位至内螺纹加工起点 *U* 点

程　　序	说　　明
G92 X35.0 Z-23.0 F1.5；	车内螺纹
X35.7；	
X35.9；	
X36.0；	
X36.448；	
G00 Z100.0 X100.0；	快速退刀
M05；	主轴停转
M30；	程序结束，并返回程序头

（4）仿真加工

定位套仿真加工操作视频扫描二维码 M2-18 观看。

M2-18　定位套仿真加工操作

【技术指导】

① 复杂零件加工时应根据刀架工位数、工艺路线等合理装夹刀具；
② 内槽车刀、内螺纹车刀仿真对刀应切入工件，实际操作则不必切入工件；
③ 实际操作时注意夹紧工件的夹紧力应适当。

【同步训练】

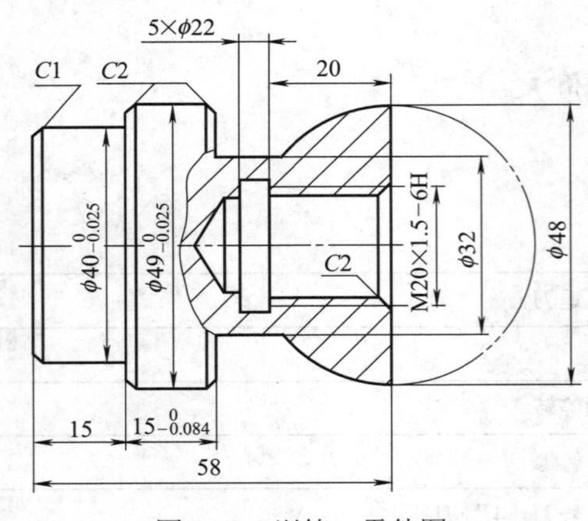

图 2-48　训练 1 零件图

训练 1. 编制如图 2-48 所示零件数控加工程序，并仿真加工。毛坯尺寸为 ϕ50mm×60mm，材料 45 钢。

训练 2. 绘制如图 2-49 所示零件数控加工走刀路线，编制数控加工程序，并仿真加工。毛坯为 ϕ50mm 棒料，材料 Al。

训练 3. 编制如图 2-50 所示零件数控加工程序，并仿真加工。毛坯尺寸为 ϕ70mm×80mm，材料 45 钢。

训练 4. 绘制如图 2-51 所示零件数控加工走刀路线，编制数控加工程序，并仿真加工。要求：未注倒角 $C3$，未注公差的尺寸允许误差 ±0.07。毛坯尺寸为 ϕ55mm×127mm。

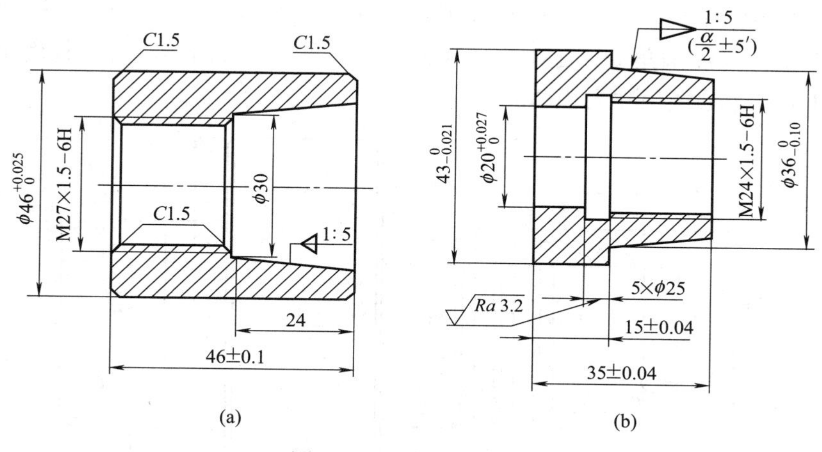

图 2-49　训练 2 零件图

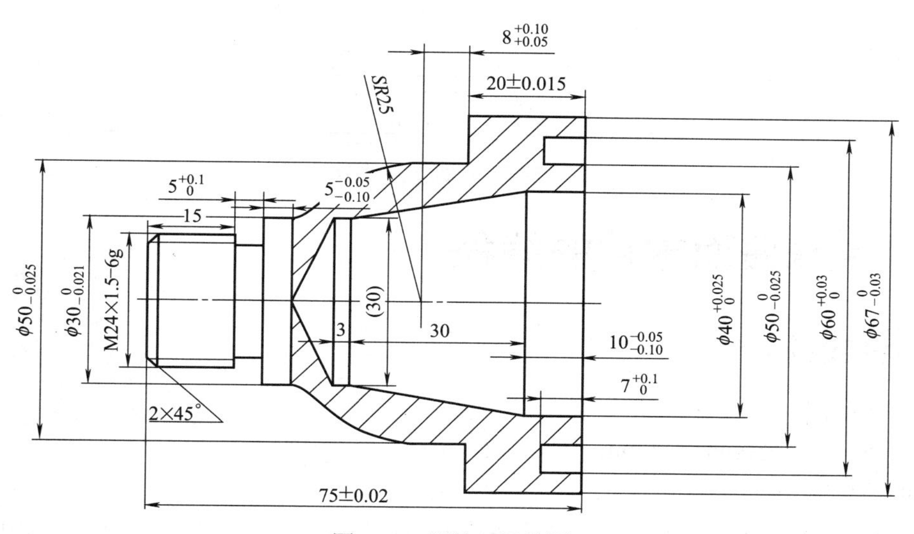

图 2-50　训练 3 零件图

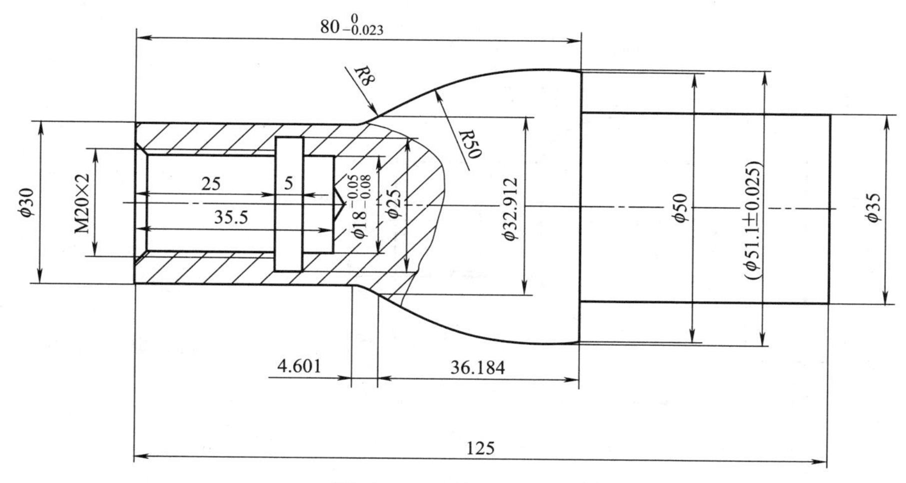

图 2-51　训练 4 零件图

训练5. 编制如图2-52所示零件数控加工程序，并仿真加工。要求：未注公差的尺寸允许误差 ±0.07；未注倒角 $C1$；ZM33 米制锥螺纹基准长度11mm，有效长度16mm，螺距2mm，锥度1∶16。毛坯尺寸为 ϕ62mm×95mm。

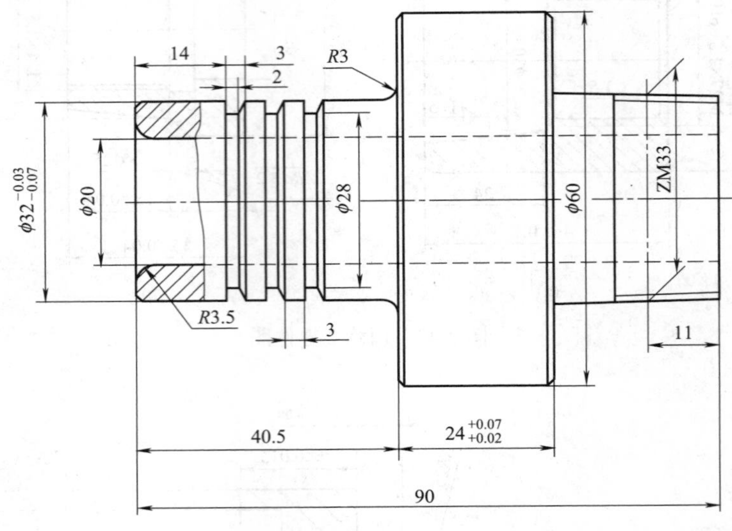

图2-52 训练5零件图

2.9 特殊曲面零件的编程

【任务描述】

① 零件图样：如图2-53所示；

② 毛坯尺寸：ϕ50mm×90mm；

③ 毛坯材料：45钢；

④ 考核要求：制定数控加工工艺方案，编写数控加工程序，仿真加工，达到图样技术要求。

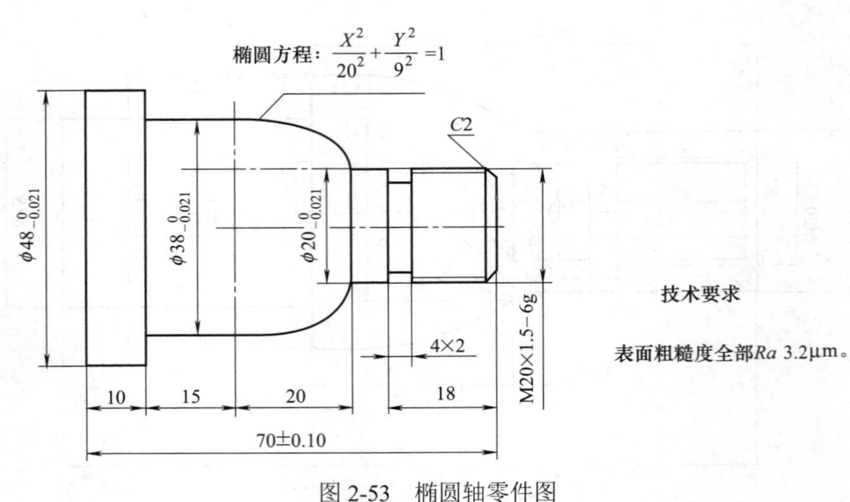

图2-53 椭圆轴零件图

【任务目标】

① 了解在 FANUC 系统数控车床上加工椭圆时的处理方法；
② 学会运用宏指令编写特殊曲线零件的数控加工程序；
③ 熟练使用数控加工仿真软件进行椭圆零件仿真加工及质量检测。

【相关知识】

FANUC 系统算术与逻辑运算如表 2-40 所示，条件表达式如表 2-41 所示。

表 2-40 算术和逻辑运算

运算	格式	运算	格式
加	#i=#j+#k	平方根	#i= SQRT［#j］
减	#i=#j−#k	绝对值	#i= ABS［#j］
乘	#i=#j×#k	四舍五入圆整	#i=ROUND［#j］
除	#i=#j÷#k	小数点以下舍去	#i=FIX［#j］
正弦	#i= SIN［#j］	小数点以上进位	#i=FUP［#j］
反正弦	#i= ASIN［#j］	自然对数	#i=LN［#j］
余弦	#i= COS［#j］	指数对数	#i =EXP［#j］
反余弦	#i= ACOS［#j］	或	#i =#j OR #k
正切	#i= TAN［#j］	异或	#i =#j XOR #k

表 2-41 条件表达式的种类

条件	意义	条件	意义
#i EQ #j	等于（=）	#i GE #j	大于等于（≥）
#i NE #j	不等于（≠）	#i LT #j	小于（<）
#i GT #j	大于（>）	#i LE #j	小于等于（≤）

四心近似画椭圆步骤如表 2-42 所示。

表 2-42 四心近似画椭圆步骤

步骤	内容	附图
1	连接 *A*、*C* 两点	
2	以 *O* 为圆心，以 *OA* 长为半径画圆弧，交 *OC* 延长线于 *E* 点	
3	以 *C* 为圆心，以 *CE* 长为半径画圆弧，交 *AC* 于 *F* 点	
4	作 *AF* 垂直平分线，交 *AB* 于 O_1 点，交 *CD* 延长线于 O_2 点	
5	分别以 O_1、O_2 为圆心，以 O_1A、O_2C 为半径画圆弧	

相关指令如表 2-43 所示。

表 2-43 编程指令

指令名称	指令格式	参数说明
无条件转移 GOTO 语句	GOTO*n*；	*n*：程序段号
条件转移 IF 语句	IF［条件表达式］GOTO*m*；	如果满足条件表达式，则直接跳转到 *m* 程序段
循环 WHILE 语句	WHILE［条件表达式］DO*m*； … END*m*；	如果条件表达式成立，则循环执行从 DO 到 END 之间的程序段 *m* 次；否则转到 END 后的下一个程序段

【任务实施】

（1）制定工艺方案

椭圆轴加工工艺方案如表 2-44 所示。

表 2-44 椭圆轴加工工艺方案

项　目	说　明
系统设备	FANUC 0i 数控车床
刀具选择	T1：主偏角 93° 外圆车刀 T2：4mm 车槽刀 T3：刀尖角 60° 螺纹刀
工件装夹	三爪自定心卡盘直接装夹，保证毛坯伸出卡盘外 80mm
工件坐标原点设定	工件坐标原点取零件右端面与回转轴线的交点
加工方案	平右端面（手动）→粗车外轮廓→精车外轮廓→车槽→车螺纹→切断（手动）
切削用量选择	粗加工外轮廓：n=800r/min，f=0.2mm/r，a_p=2mm 精加工外轮廓：n=1200r/min，f=0.1mm/r，精车 X 方向余量 0.5mm 车槽：n=600r/min，f=0.1mm/r，a_p=5mm 车螺纹：n=600r/min，f=1.5mm/r，a_p 由大到小

（2）运行轨迹

椭圆轴加工运行轨迹如表 2-45 所示。

表 2-45 椭圆轴加工运行轨迹

加工顺序	运行轨迹	轨迹说明
平右端面	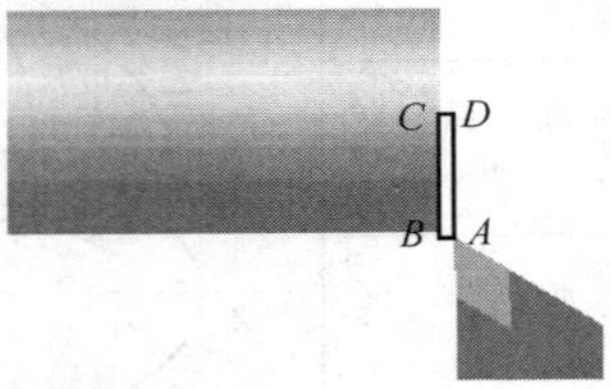 C D B A	手动
粗车外轮廓（椭圆留余量）	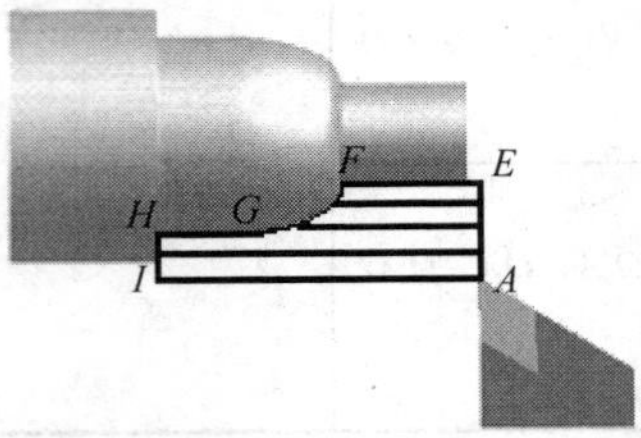 F E H G I A	G71 多重复合循环切削路径 G70 精加工切削路径

续表

加工顺序	运行轨迹	轨迹说明
精车外轮廓	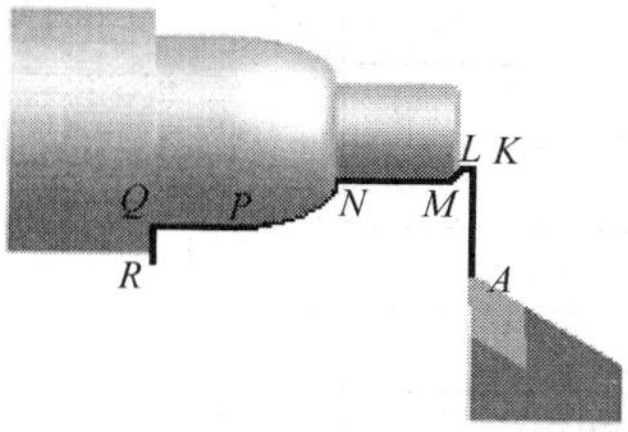	变量编程
车槽	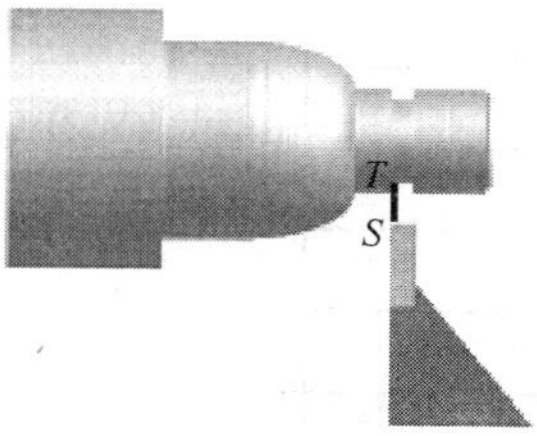	$S \rightarrow T \rightarrow S$
车螺纹	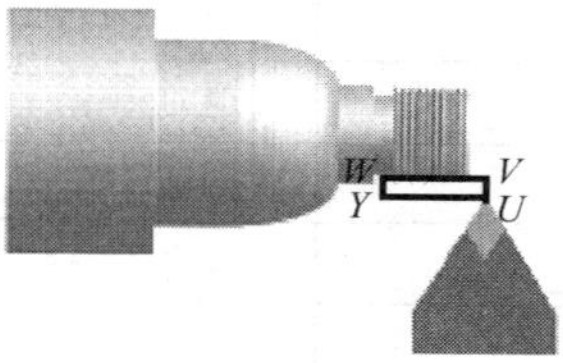	G76 螺纹复合循环切削路径

（3）加工程序

椭圆轴加工程序如表 2-46 所示。

表 2-46　椭圆轴加工程序

程　　序	说　　明
O0014	程序名
G54 G40；	建立工件坐标系，取消恒线速，转进给，取消刀补
T0101；	调 1 号刀、1 号刀补
M03 S800；	主轴正转，转速 800r/min
G00 X52.0 Z3.0；	快速定位至循环起点
G71 U2.0 R1.0；	G71 粗车外轮廓参数设置
G71 P10 Q20 U0.5 W0.0 F0.2；	
N10 G00 X20.0 S1200；	G71 粗车（椭圆 X 半径方向留 0.5 余量、Z 方向留 0.5 余量）
G01 Z-24.5；	
G03 X31.59 Z-28.2 R6.39；	
X38.99 Z-45.0 R39.95；	
G01 Z-60.0；	
N20 G01 X52.0；	
G70 P10 Q20；	G70 精车
S1200；	主轴变速

续表

程　序	说　明
G42 G00 X16.0 Z3.0;	精加工倒角、圆柱面
G01 Z0. F0.07;	
X20.0 Z-2.0;	
Z-25.0;	
#3=20.0;	精加工椭圆
N100 #4=9.0×SQRT［400.0 － #3×#3］/20.0;	
#5=#3 － 45.0;	
#6=2.0×#4+20.0;	
G01 X#6 Z#5 F0.1;	
#3=#3-0.1;	
IF［#3GE0］GOTO100;	
G01 Z-60.0;	精加工圆柱面、台阶
X52.0;	
G40 G00 X100.0 Z100.0;	退刀
M05;	主轴停转
M00;	程序暂停
T0202;	换刀、变速、车槽
M03 S600;	
G00 X25.0 Z-18.0;	
G01 X16.0 F0.1;	
X25.0;	
G00 X100.0 Z100.0;	退刀
T0303;	换刀、车螺纹
G00 X25.0 Z5.0;	
G76 P011160 Q100 R0.1;	
G76 X18.052 Z-16.0 P974 Q400 F1.5;	
G00 X100.0 Z100.0;	退刀
M05;	主轴停转
M30;	程序结束

（4）仿真加工

椭圆轴仿真加工操作视频扫描二维码 M2-19 观看。

M2-19　椭圆轴仿真加工操作

【技术指导】

① 本例中，椭圆的精加工也可放在车槽、车螺纹后进行；

② 本例也可采用 G73 编程，此时不用四心法预留精加工余量，直接用 G73 粗车、G70 精车，但由于走刀路线长，因此生产效率低；

③ 不同数控系统，其指令应用特点不同，因此加工椭圆的方法各不相同，编程时应灵活选择。

【同步训练】

训练 1. 编制如图 2-54 所示零件数控加工程序，并仿真加工。毛坯尺寸为 ϕ50mm×80mm，材料 45 钢。

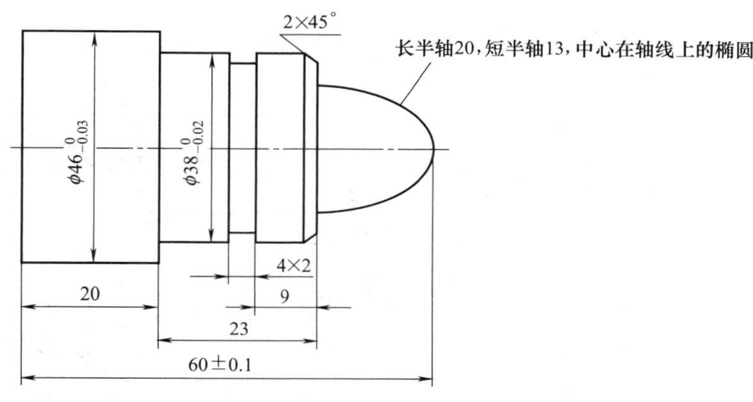

图 2-54　训练 1 零件图

训练 2. 编制如图 2-55 所示零件数控加工程序，并仿真加工。毛坯尺寸为 ϕ45mm×95mm，材料 45 钢。

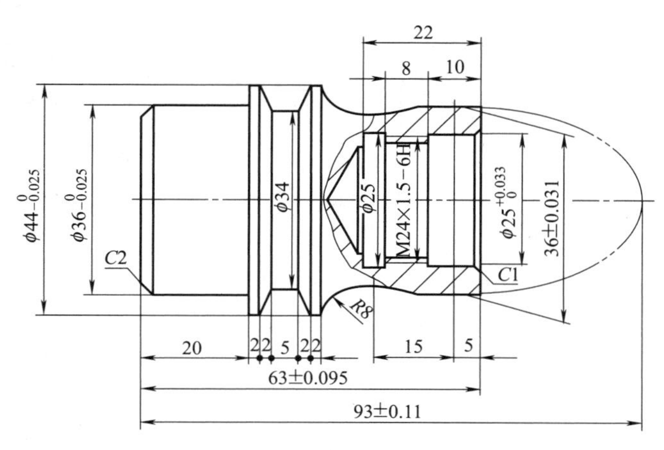

图 2-55　训练 2 零件图

训练 3. 编制如图 2-56 所示零件数控加工程序，并仿真加工。毛坯尺寸为 ϕ50mm×80mm，材料 45 钢。

训练 4. 编制如图 2-57 所示零件数控加工程序，并仿真加工。毛坯尺寸为 ϕ52mm×

132mm。未注倒角 $C2$。

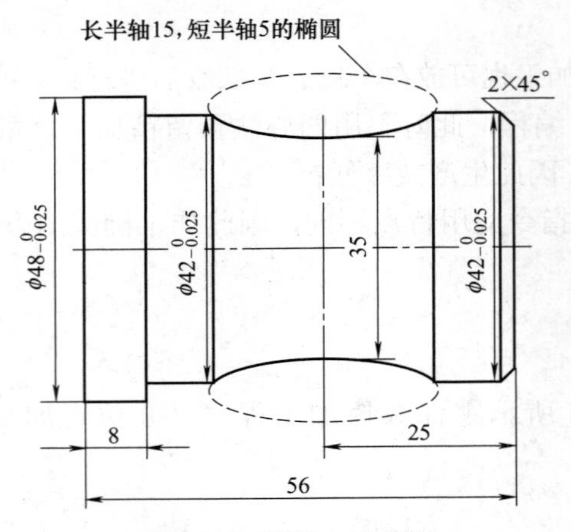

图 2-56　训练 3 零件图

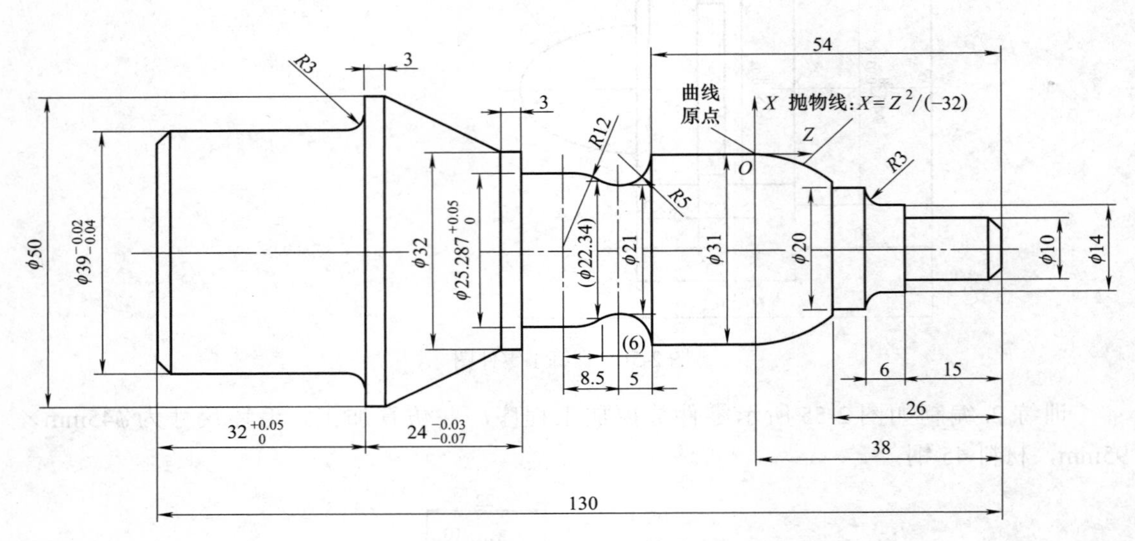

图 2-57　训练 4 零件图

第3章

数控铣床编程训练项目

3.1 平面的编程

【任务描述】

① 零件图样：如图 3-1 所示；

② 毛坯尺寸：80mm×80mm×33mm；

③ 毛坯材料：Al；

④ 考核要求：制定数控加工工艺方案，编写数控加工程序，仿真加工，达到图样技术要求。

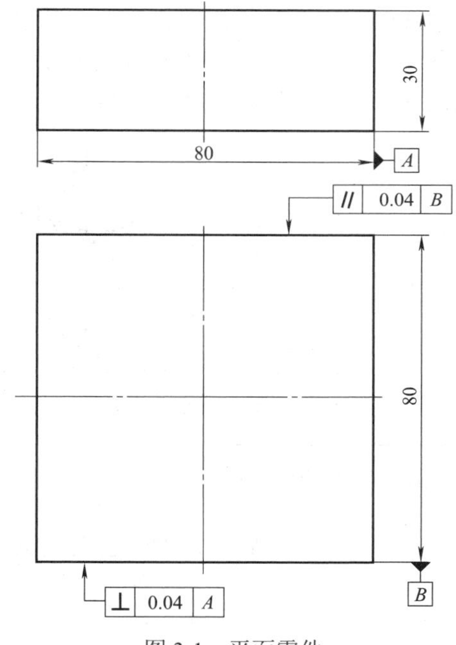

图 3-1　平面零件

【任务目标】

① 学会数控加工仿真软件的使用；

② 认识数控铣床面板，掌握面板操作；

③ 学会铣床对刀操作；

④ 学会平面加工工艺方案制定；

⑤ 学会平面加工走刀路线绘制及数值计算。

【相关知识】

（1）数控铣床坐标系

① 机床坐标系及其规定。在数控机床上，机床的动作是由数控装置来控制的。为了确定数控机床上的成形运动和辅助运动，必须先确定机床上运动的方向和位移，这就需要通过坐标系来实现，这个坐标系被称为机床坐标系。

机床坐标系应遵循“右手笛卡儿直角坐标系”的规定：如图 3-2 所示，伸出右手的大拇指、食指和中指，并互为 90°，大拇指、食指、中指的指向分别为 X、Y、Z 坐标的正方向；围绕 X、Y、Z 坐标旋转的旋转坐标分别用 A、B、C 表示，根据右手螺旋定则，大拇指的指向为 X、Y、Z 坐标中任意轴的正向，则其余四指的旋转方向即为旋转坐标 A、B、C 的正向。

立式数控铣床坐标系如图 3-3 所示。

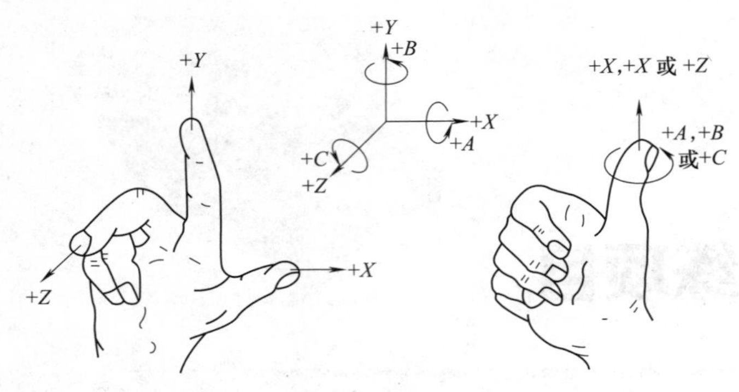

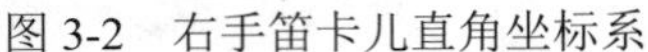
图 3-2 右手笛卡儿直角坐标系

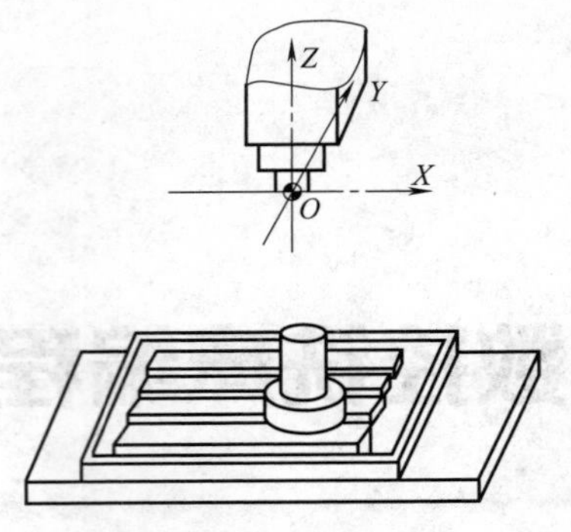

图 3-3 立式数控铣床坐标系

② 机床原点。机床原点也称为机床零点，它在机床装配、调试时就已经确定，是数控机床进行加工运动的基准参考点。在数控铣床上，机床原点一般取在 *X*、*Y*、*Z* 坐标的正方向极限位置上，如图 3-4 所示。

③ 机床参考点。机床参考点是用于对机床运动进行检测和控制的固定位置点。机床参考点的位置是由机床制造厂家在每个进给轴上用限位开关精确调整好的，坐标值已输入数控系统中。因此参考点对机床原点的坐标是一个已知数。通常，在数控铣床上机床原点和机床参考点是重合的。数控机床开机后，通过机床回零操作，确定机床原点（参考点），此时刀具（或工作台）移动才有基准。

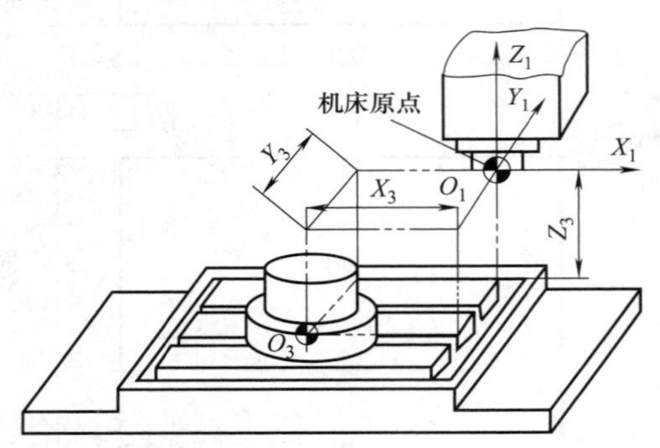

图 3-4 机床原点 O_1 与工件坐标系原点 O_3

④ 工件坐标系。工件坐标系是工艺人员根据零件图样及加工工艺等建立的坐标系。工件坐标系是为编程使用的坐标系。如图 3-4 所示，其中 O_3 即为工件坐标系原点。

工件坐标体系原点应尽量选择在零件的设计基准或工艺基准上，工件坐标系中各轴的方向应与所使用的数控机床相应的坐标轴方向一致。

（2）编程指令

① 快速定位 G00 指令。

指令格式：G00 X__ Y__ Z__；

其中，X、Y、Z 为快速定位目标点的坐标。

② 直线插补 G01 指令。

指令格式：G01 X__ Y__ Z__ F__；

其中，X、Y、Z 为直线插补目标点的坐标；F 为进给速度。

③ 设置工件坐标系 G54/G55/G56/G57 指令。

指令格式：G54；（或 G55；或 G56；或 G57；）

④ 绝对 / 增量坐标编程 G90/ G91 指令。

⑤ 刀具长度补偿 G43/G44 指令。

指令格式：G43/G44 G00/G01 Z__ H__ F__；

其中，建立长度正补偿用 G43，建立长度负补偿用 G44；H 为刀具长度补偿。

⑥ 取消刀具长度补偿 G49 指令。

指令格式：G49 G00/G01 Z__ F__；

⑦ 子程序调用 M98。

指令格式：M98 P △△△△ ××××；

其中，△代表子程序重复调用次数；× 代表子程序号。

⑧ 子程序结束 M99 指令。

指令格式：M99；

（3）数控铣床仿真加工

下面以宇龙数控加工仿真软件中的 FANUC 0i Mate 系统为例，说明数控铣床的仿真操作。

① 进入数控加工仿真系统。按如图 3-5 所示操作步骤进入数控加工仿真系统。

② 选择机床。按如图 3-6 所示操作步骤选择 FANUC 0i Mate 数控铣床。

图 3-5　进入数控加工仿真系统

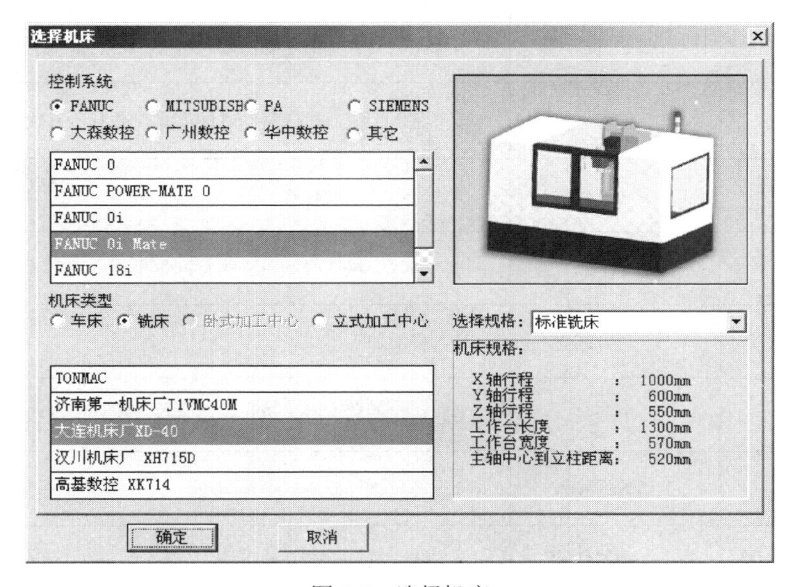

图 3-6　选择机床

数控铣床的操作面板由系统操作面板和控制面板组成，系统操作面板如图 3-7 所示，控制面板如图 3-8 所示。各按键功能及说明如表 3-1 所示。

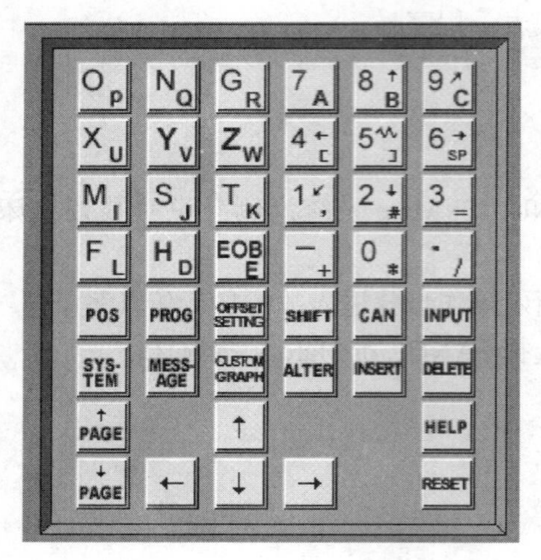

图 3-7　FANUC 0i Mate 铣床系统面板

图 3-8　FANUC 0i Mate 铣床控制面板

表 3-1　FANUC 0i Mate 铣床按键功能

按钮	名称	功 能 说 明
SHIFT	换挡键	对键顶部的两个字符用该键来转换
DELETE	删除键	自删除字符
CAN	取消键	删除已输入到输入缓冲器的最后一个字符或者符号
INSERT	输入键	插入字符
↑PAGE ↓PAGE	翻页键	用于在屏幕上朝前、朝后翻一页
	急停	按下急停按钮，机床移动立即停止，并且所有输出均关闭
JOG	手动方式	可使工作台手动移动
REF	回零方式	机床回零；机床必须首先执行回零操作，然后才可以运行
MEM	自动方式	进入自动加工模式
单段	单段	当此按钮被按下时，运行程序时每次执行一条数控指令
MDI	手动数据输入	单程序段执行模式
主轴正转	主轴正转	按下此按钮，主轴开始正转

续表

按钮	名称	功能说明
主轴停止	主轴停止	按下此按钮，主轴停止转动
主轴反转	主轴反转	按下此按钮，主轴开始反转
快速	快速按钮	手动方式下，配合坐标轴移动按钮，可快速移动坐标轴
X Y Z	移动按钮	光标移动键用于光标的不同方向移动
RESET	复位键	用于 CNC 复位，消除报警，主轴故障复位等
循环停止	循环保持	程序运行暂停，再按循环启动按钮，恢复运行
循环启动	运行开始	程序运行开始
	主轴倍率修调	单击鼠标的左键或右键来调节主轴旋转倍率
	进给倍率修调	调节运行时的进给速度倍率

③ 开机、回参考点操作。按控制面板上的“启动”键，再旋开“急停”按钮，完成开机操作；按回零键REF进入“回参考点”模式，按+Z键，*Z*轴将回到参考点，*Z*轴回参考点指示灯亮，完成*Z*轴回参考点操作；依次按+X、+Y键，*X*轴、*Y*轴分别回参考点，回参考点指示灯亮。

离开参考点时按“手动”键，将*X*轴、*Y*轴、*Z*轴向反向移动离开参考点。严禁回零后再次按*X*、*Y*、*Z*轴的正方向键“+”，从而出现超程现象。

④ 对刀操作。对刀的过程就是建立工件坐标系与机床坐标系之间的关系的过程。数控铣床一般是将工件上表面中心点设置为工件坐标系原点。

a. *X*轴寻边操作步骤如下。

选择并安装寻边器于机床主轴上。按操作面板中的JOG键进入“手动”方式；按操作面板上的主轴正传键，使主轴转动。通过手动方式，使寻边器向工件基准面移动靠近，移动到大致位置后，可采用手轮方式移动工件，按HAND键，将置于X挡，调节手轮移动量旋钮。寻边器偏心幅度逐渐减小，直至上下半截几乎处于同一条轴心线上，如图3-9（a）所示，若此时再进行增量或手动方式的小幅度进给时，寻边器下半部突然大幅度偏移，如图3-9（b）所示，即认为此时寻边器与工件恰好吻合。

当寻边器轻触到工件一侧时，在相对坐标系下，输入“X”，按软键[起源]；提起*Z*轴，移至对侧，轻触工件侧面使寻边器上下同轴时，此时相对坐标系的*X*值除以2即为工件在*X*向的正中心位置，将*Z*轴提起，反向移至工件正中位置，如图3-10所示。在系统面板上按OFFSET SETTING/坐标系，在G54界面中，输入“X0”，按［测量］软键，则系统自动计算出工件坐标系原点的*X*分量在机床坐标系中的坐标值，并将此数据保存到参数表中，如图3-11所示。

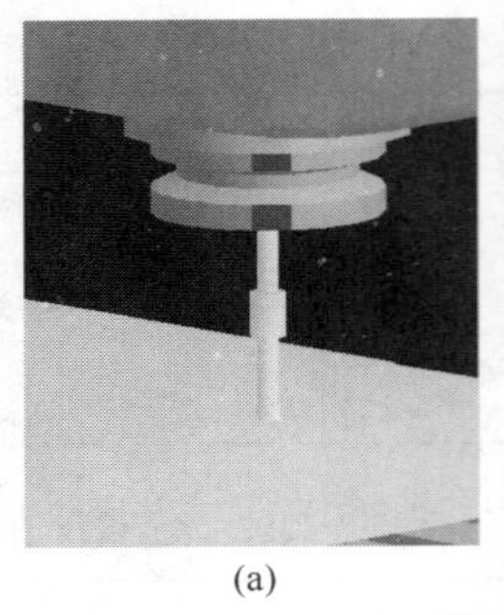

(a)

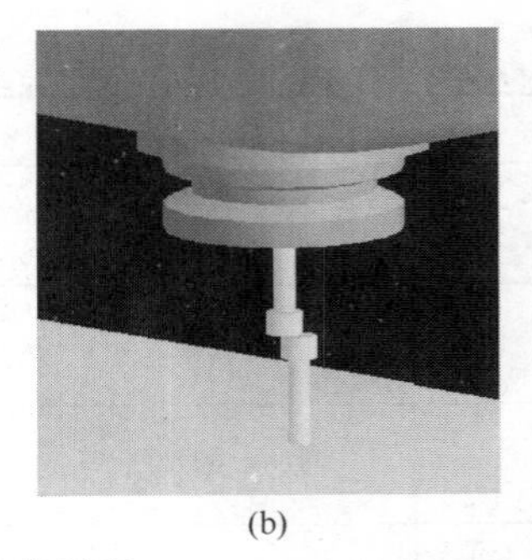

(b)

图 3-9 寻边器 *X* 轴方向对刀

图 3-10 相对坐标界面

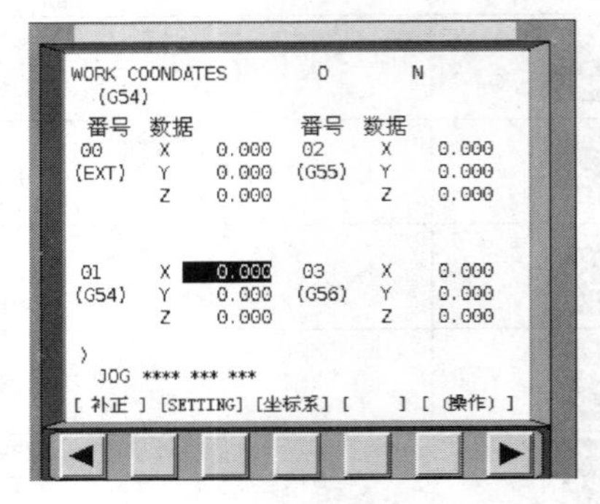

图 3-11 选择保存工件坐标系

b. *Y* 方向对刀操作步骤如下。

利用寻边器碰触工件上 *Y* 方向的一侧使寻边器的上下段重合，在相对坐标系中输入“Y”，按软键［起源］; *Z* 轴提至工件上表面以上，移动 *Y* 轴至工件对侧，使寻边器的上下段重合；提起 *Z* 轴至上表面，并记下相对坐标系的 *Y* 值，将 *Y* 值除以 2，将 *Y* 轴反移至工件 *Y* 轴的中心位置，在 G54 坐标系中输入“Y0”，按［测量］软键，如图 3-12 所示。

c. *Z* 方向对刀操作步骤如下。

数控铣床 *Z* 方向对刀时采用的是实际加工时所使用的刀具，直接在工件上表面进行对刀。按软键OFFSET SETTING，进入“坐标系”界面，G54 坐标系中 *Z* 坐标值输入“Z0”，按［测量］软键，就能得到工件坐标系原点的 *Z* 分量在机床坐标系中的坐标，此数据将被自动记录到 G54 参数表中。

对刀后一般进行对刀检验：MDI 方式下输入“G54 G90 G49 G00 X0 Y0; G43 Z100.0H01”，移动光标至程序头，按“循环启动”键，运行该程序段，结果如图 3-13 所示。

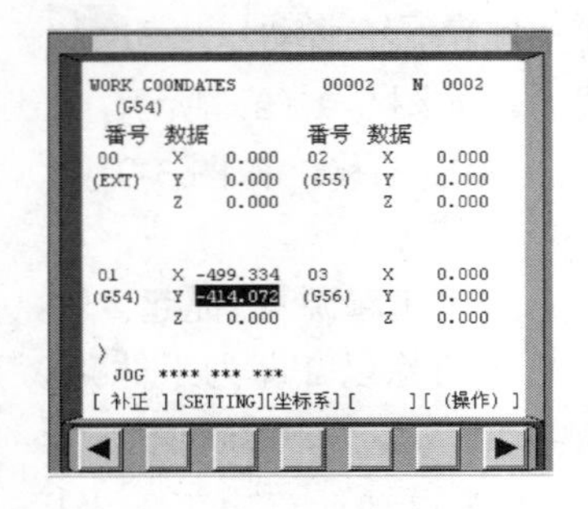

图 3-12 *Y* 方向对刀操作

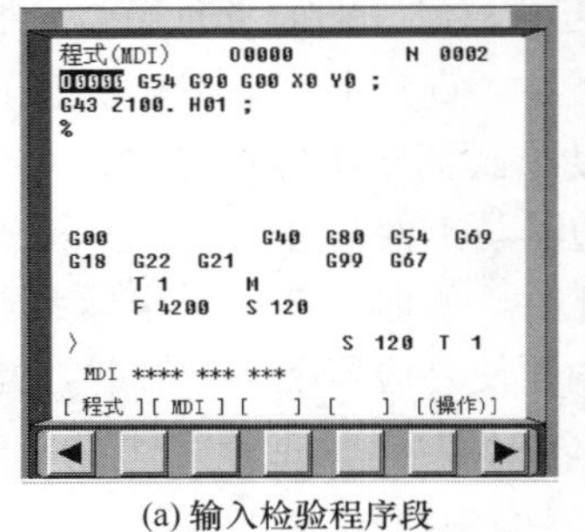

(a) 输入检验程序段

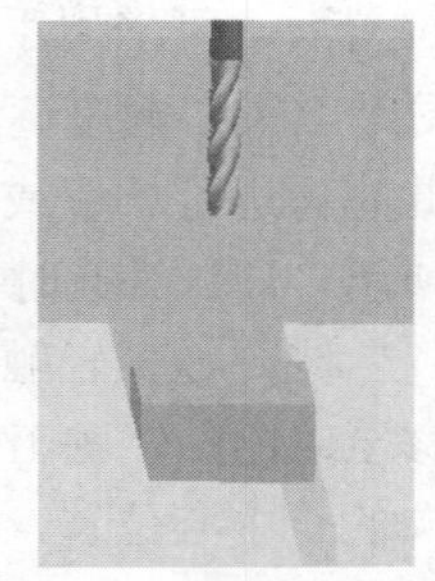

(b) 检验结果

图 3-13 数控铣床对刀检验

数控铣床对刀操作扫描二维码 M3-1 查看。

输入和修改零偏值：按OFFSET SETTING键，进入“坐标系”界面，EXT 坐标系中 X、Y、Z 坐标值可实现对工件原点的移动，如图 3-14 所示。

M3-1　数控铣床对刀操作

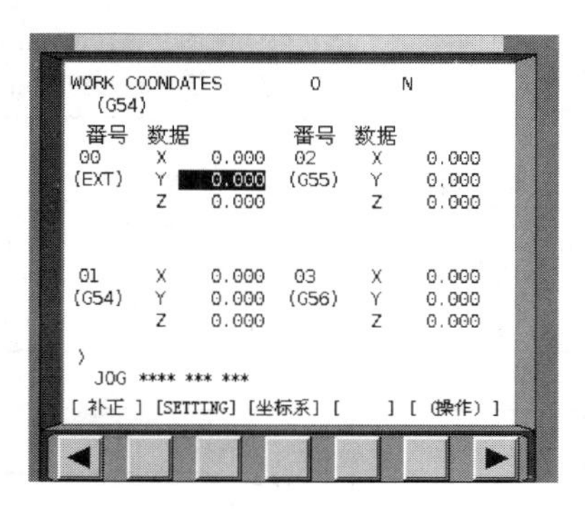

图 3-14　零点偏移界面

⑤ 自动加工。自动加工有连续、单段两种方式。

连续方式操作步骤如下。选择待执行的程序，按下自动方式键MEM，按启动键循环启动开始执行程序。程序执行完毕，按“复位键”中断加工程序，再按“循环启动键”则从头开始。

单段方式操作步骤如下。按操作面板上的MEM键，使其指示灯变亮，机床进入自动加工模式。按操作面板上的单段键，使其指示灯变亮。每按一次“运行开始”按钮循环启动，数控程序执行一行，可以通过主轴倍率旋钮和进给倍率旋钮来调节主轴旋转的速度和移动的速度。

数控程序在运行过程中可根据需要暂停、停止、急停和重新运行。数控程序在运行过程中，按“循环保持”键循环停止，程序暂停运行，再次按“运行开始”键，程序从暂停行开始继续运行；数控程序在运行过程中，按“复位”键RESET按钮，程序停止运行，机床停止，再次按循环启动键，程序从暂停行开始继续运行；数控程序在运行过程中，按“急停”按钮，数控程序中断运行，继续运行时，先将急停按钮松开，再按“循环启动”键，余下的数控程序从中断行开始作为一个独立的程序执行。

⑥ 关机操作。将各轴 X、Y、Z 手动移动到机床导轨中间部位，按下“急停”开关，关闭机床总电源。

【任务实施】

（1）制定工艺方案

平面零件加工工艺方案如表 3-2 所示。

表 3-2　平面零件加工工艺方案

项　　目	说　　明
系统设备	FANUC 0i Mate 数控铣床
刀具选择	H1：ϕ12mm 端铣刀，刃长 25mm，切削刃 4 刃，可加工方式为侧刃和全底刃
工件装夹	平口钳直接装夹，保证毛坯伸出平口钳外 20mm 以上
工件坐标原点设定	工件坐标原点取零件上表面的正中心

续表

项　目	说　明
加工方案	粗铣平面→精铣平面→去除毛刺
切削用量选择	粗铣平面：n=1000r/min，f=500mm/min 精铣平面：n=1200r/min，f=200mm/min

（2）运行轨迹

平面加工运行轨迹及其坐标计算如表 3-3 所示。

表 3-3　平面加工运行轨迹方案

加工顺序	运行轨迹	坐标计算
粗铣平面	M N	起刀点 M→退刀点 N，Z–1.0
精铣平面		起刀点 M→退刀点 N，Z–1.5

（3）加工程序

程序编写方法有多种，表 3-4 所示为调用子程序的方法编写平面加工程序，表 3-5 是用刀位点编写平面加工程序。

表 3-4　平面加工程序（一）

内　容	说　明
O0001（用调用子程序的方法铣平面）	主程序
G54 G90 G49 G40 G00 X50. Y35. S1000 M03；	建立工件坐标系，绝对坐标编程，取消长度补偿，取消刀具补偿，设置定刀点，主轴转速 1000r/min
G43 Z100. H1；	调 1 号长度补偿值，定位至 Z100.
Z5.；	二次验证，定位至 Z5
G01 Z-1. F300；	工件外下刀 1mm，下刀慢
M98 P50010；	调用子程序 O10，循环 5 次
G01 Z10.	抬刀至 Z10.
G49 G00 Z100.；	取消刀具长度补偿，抬刀至 Z100.
M30；	程序结束并返回程序头
O10；	子程序
G91G01 X-100. F500；	X 负方向移动 100mm
Y-10.；	移刀 10mm
X100.；	X 正方向移动 100mm
Y-10.；	移刀 10mm

续表

内　容	说　明
M99;	子程序结束返回主程序
	注：精加工时程序中的 Z-1.0 改为 -1.5，主轴转速改成 1200 r/min，进给速度 F 为 200mm/min

表 3-5　平面加工程序（二）

内　容	说　明
O0002（用刀位点的方法铣平面）	程序名
G54G40G49G90G00 X50Y35.S400M03;	建立工件坐标系，绝对坐标系，设置定刀点，转速
G43Z100.H01;	调 1 号长度补偿值，定位至 Z100.
Z5.;	二次验证，定位至 Z5.
G01Z-1.F400;	工件外侧下刀 1mm，下刀慢
G91G01 X-100. F500;	向 –X 方向直线插补 100mm，增量坐标编程
Y-12.;	向 –Y 方向直线插补 12mm
X100.;	向 +X 方向直线插补 100mm
Y-12.;	向 –Y 方向直线插补 12mm
X-100.;	向 –X 方向直线插补 100mm
Y-12.;	向 –Y 方向直线插补 12mm
X100.;	向 +X 方向直线插补 100mm
Y-12.;	向 –Y 方向直线插补 12mm
X-100.;	向 –X 方向直线插补 100mm
Y-12.;	向 –Y 方向直线插补 12mm
X100.;	向 +X 方向直线插补 100mm
G00Z100.;	抬刀至 Z100.，并取消刀具长度补偿值
M05;	主轴停止
M30;	程序结束并返回
	注：精加工除 Z-1.0 改为 -1.5，主轴转速改成 1200r/min，进给速度 F 为 200mm/min

（4）仿真加工

平面加工仿真操作步骤如表 3-6 所示，操作视频扫描二维码 M3-2 观看。

表 3-6　平面仿真加工操作步骤

序号	操作步骤	操作要点
Ⅰ	进入数控加工仿真系统	见 3.1【相关知识】(3) 数控铣床仿真加工
Ⅱ	选择数控铣床	FANUC 0i 数控铣床
Ⅲ	开机	按控制面板的“启动”键，再旋开“急停”按钮
Ⅳ	回参考点	按控制面板的“回参”键，按 +Z 键，再分别按 +X、+Y 键。注意：先回 Z 轴，后回 X、Y 轴 按“手动”键，将 X、Y、Z 轴反向移动离开参考点

续表

序号	操作步骤	操作要点
Ⅴ	选择毛坯，并安装	毛坯尺寸 80mm×80mm×33mm，材料 Al；选择夹具，安装毛坯，保证伸出平口钳外 20mm 以上
Ⅵ	选择刀具	主轴安装 ϕ12mm 立铣刀
Ⅶ	对刀，并检验	数控铣床对刀操作扫描二维码 M3-1 查看；刀具参数“形状”界面中输入刀具半径 5mm
Ⅷ	输入程序	按“编辑”键，再按“程式”键PROG，输入程序
Ⅸ	运行程序	将光标移至程序头，按“自动运行”键，再按“循环启动”键
Ⅹ	质量检测	加工结束后测量所有待测表面，检查测量结果，必要时进行程序调试

M3-2 平面铣削仿真加工操作

【技术指导】

刀具长度补偿功能用于补偿刀具长度差值。当刀具磨损或更换后，加工程序不变，只需修改数控机床中刀具长度补偿的数值，通过刀具长度补偿这一功能实现对刀具长度差值的补偿。G43 为刀具长度正补偿，G44 为刀具长度负补偿，G49 取消刀具长度补偿，H 补偿值存储在偏置存储器中。

【同步训练】

绘制如图 3-15 所示零件数控加工走刀路线，编写其数控加工程序，仿真加工，并检测。毛坯尺寸 60mm×50mm×35mm，材料 Al。

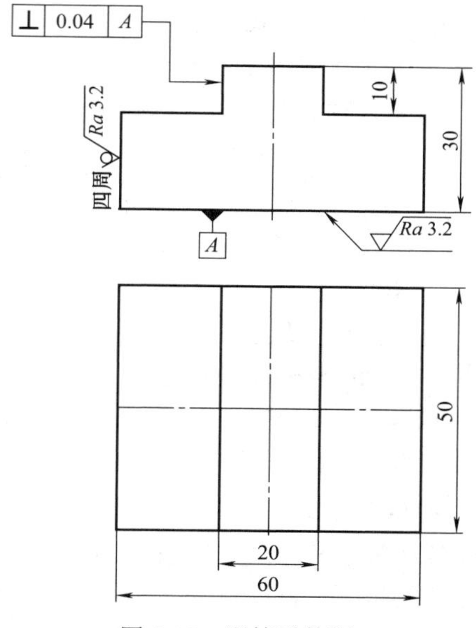

图 3-15　训练零件图

3.2　外轮廓零件的编程

【任务描述】

① 零件图样：如图 3-16 所示；

② 毛坯尺寸：50mm×50mm×25mm；

③ 毛坯材料：Al；

④ 考核要求：制定数控加工工艺方案，编写数控加工程序，仿真加工，达到图样技术要求。

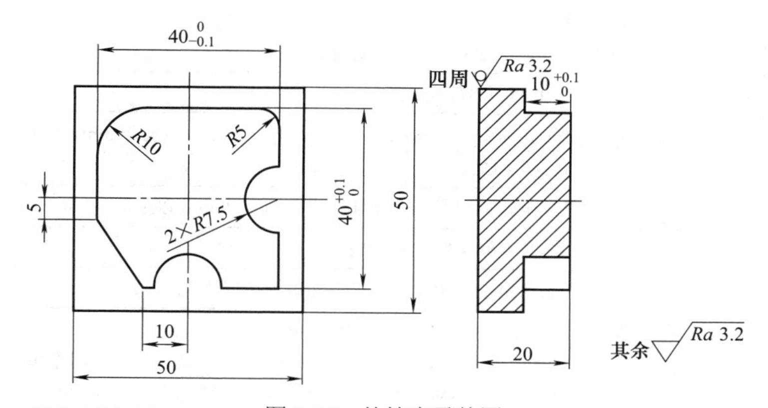

图 3-16　外轮廓零件图

【任务目标】

① 学会外轮廓零件铣削加工工艺方案制定；

② 熟悉编程指令 G41、G42、G40 的格式及用法；

③ 正确编写外轮廓零件数控加工程序及数值计算；

④ 掌握数控加工仿真软件对零件进行仿真加工及质量检验。

【相关知识】

① 圆弧插补 G02/G03 指令。

指令格式：G02/G03 X__ Y__ R__ F__；

G02/G03 X__ Y__ I__ K__ F__；

其中，X、Y 为圆弧插补目标点的坐标；R 为圆弧半径；I、K 为圆弧圆心相对起点分别在 X、Y 坐标方向的增量；F 为进给速度。

说明：顺时针方向的圆弧插补用 G02，逆时针方向的圆弧插补用 G03。

② 刀具半径左、右补偿 G41/G42 指令。

指令格式：G41/G42 G00/ G01 X__ Y__ D__ F__；

其中，X、Y 为建立刀具半径补偿时目标点的坐标；D 为存储刀具半径值；F 为进给速度。

说明：刀具半径左补偿用 G41，刀具半径右补偿用 G42。

③ 取消刀具半径补偿 G40 指令。

指令格式：G40 G00/ G01 X__ Y__ F__；

其中，X、Y 为取消刀具半径补偿后移至目标点的坐标；F 为进给速度。

【任务实施】

（1）制定工艺方案

外轮廓零件加工工艺方案如表 3-7 所示。

表 3-7　外轮廓零件加工工艺方案

项　目	说　明
图样分析	① 毛坯尺寸为 52mm×52mm×25mm，材料 Al ② 该零件加工内容有平面铣削、外轮廓铣削 ③ 待加工表面粗糙度全部 Ra3.2μm
系统设备	FANUC 0i Mate 数控铣床
刀具选择	H1：ϕ10mm 立铣刀，BT40 刀柄，总长 70mm，刃长 25mm，切削刃数 4 刃，可加工方式为侧刃和全底刃
工件装夹	平口钳直接装夹，保证毛坯伸出平口钳外 20mm 以上
工件坐标原点设定	工件坐标原点取零件上表面的正中心
加工方案	铣上表面→粗铣外轮廓→精铣外轮廓→去除毛刺
切削用量选择	铣平面：n=1000r/min，f=500mm/min 粗铣外轮廓：n=1500r/min，f=400mm/min，a_p=2.0mm，a_w=1.0mm 精铣外轮廓：n=1600r/min，f=200mm/min，精加工余量 0.5mm

（2）运行轨迹

外轮廓加工运行轨迹如表 3-8 所示。

（3）加工程序

外轮廓零件加工程序如表 3-9、表 3-10 所示。

表 3-8 外轮廓加工运行轨迹方案

加工顺序	运行轨迹	坐标计算
铣平面		起刀点 M→退刀点 N
粗铣外轮廓		A(20,−20)→B(7.5,−20) →C(−7.5,−20)→D(−10,−20) →E(−20,−5)→F(−20,10) →G(−10,20)→H(15,20) →I(20,15)→O(20,7.5) →P(20,−7.5)
精铣外轮廓		精加工时，修改刀具半径补偿值，走刀路线同粗铣外轮廓

表 3-9 外轮廓零件加工程序（一）

内 容	说 明
O0003（铣平面）	主程序
G54G90G00X35.Y35.S1000M03;	建立工件坐标系，绝对坐标编程，设置定刀点、转速
G43Z100.H01;	调 1 号长度补偿值，定位至 Z100.
Z5.;	二次验证，定位至 Z5.
G01Z-1.F300;	工件外下刀 1mm，下刀慢
M98P50010;	调用子程序 O10，循环 5 次
G00Z100.;	抬刀至 Z100.
M30;	程序结束并返回
O0010;	子程序
G91G01X-60.F500;	X 负方向铣平面 60mm
Y-8.;	移刀 8mm
X60;	X 正方向铣平面 60mm
Y-8.;	移刀 8mm
M99;	子程序结束，并返回主程序

表 3-10 外轮廓零件加工程序（二）

内 容	说 明
O0004（铣外轮廓）	程序名
G54 G40G49G90G00X38.Y-20.S1500M03；	建立工件坐标系，绝对坐标编程，设置定刀点、转速
G43Z100.H01；	调 1 号长度补偿值，定位至 *Z*100.
Z5.；	二次验证，定位至 *Z*5.
G01Z-4.F400；	工件外侧下刀 4mm，下刀慢
G41G01X20.0D01F500；	靠近工件 *A* 点，调用刀具补偿值 D01，其值为 5
G01X7.5；	G01 直线插补至 *B* 点
G03X-7.5Y-20.R7.5；	逆时针圆弧插补至 *C* 点
G01X-10.Y-20.；	G01 直线插补至 *D* 点
G01X-20.Y-5.；	G01 直线插补至 *E* 点
G01Y10.；	G01 直线插补至 *F* 点
G02X-10.Y20.R10.；	顺时针圆弧插补至 *G* 点
G01X15.；	G01 直线插补至 *H* 点
G02X20.Y15.R5.；	顺时针圆弧插补至 *I* 点
G01Y7.5；	G01 直线插补至 *O* 点
G03X20.Y-7.5R7.5；	逆时针圆弧插补至 *P* 点
G01Y-20.；	G01 直线插补至 *A* 点
G40G01X38.；	G01 插补至 X38.，并取消刀具半径补偿值
G00G49Z100.；	抬刀至 *Z*100.，并取消刀具长度补偿值
M30；	程序结束并返回
	注：每层切削后，改下刀深度，直至深度为 10mm；精加工时，减小刀具半径补偿值，再次执行原程序

（4）仿真加工

外轮廓零件仿真加工操作步骤如表 3-11 所示，操作视频扫描二维码 M3-3 观看。

表 3-11 外轮廓仿真加工操作步骤

序号	操作步骤	操作要点
Ⅰ～Ⅳ	进入数控加工仿真系统 选择数控铣床 开机 回参考点	见 3.1【任务实施】（4）仿真加工
Ⅴ	选择毛坯，并安装	毛坯尺寸为 52mm×52mm×25mm，材料 ZL412；选择夹具，安装毛坯，保证伸出平口钳外 20mm 以上
Ⅵ	选择刀具	主轴上安装立铣刀，直径为 10mm

续表

序号	操作步骤	操作要点
Ⅶ	对刀，并检验	扫描二维码 M3-1 查看数控铣床对刀操作
Ⅷ～Ⅹ	输入程序 运行程序 质量检测	见 3.1【任务实施】(4) 仿真加工

M3-3　外轮廓铣削仿真加工操作

【技术指导】

① 圆弧插补 G02/G03 的判别：沿着与圆弧插补平面相垂直的坐标轴的正方向向负方向看，顺时针方向的圆弧用 G02，逆时针方向的圆弧用 G03。

② 使用刀具半径补偿功能时，刀具半径补偿 G41/42 指令判断方法：沿着刀具移动的方向看去，刀具在工件左侧，用 G41；刀具在工件右侧，用 G42。

③ 刀具左补偿、右补偿建立和取消的位置分别为靠近工件轮廓的程序行和远离工件轮廓的程序行，必须注意刀具半径补偿的建立和取消，否则会出现过切现象。

④ 内外轮廓尺寸精度的控制，可通过刀具直径的增减实现尺寸的保证。

【同步训练】

训练 1. 绘制如图 3-17 所示零件数控加工走刀路线，编制其数控加工程序，仿真加工，并检测。毛坯尺寸 100mm×100mm×12mm，材料 Al。

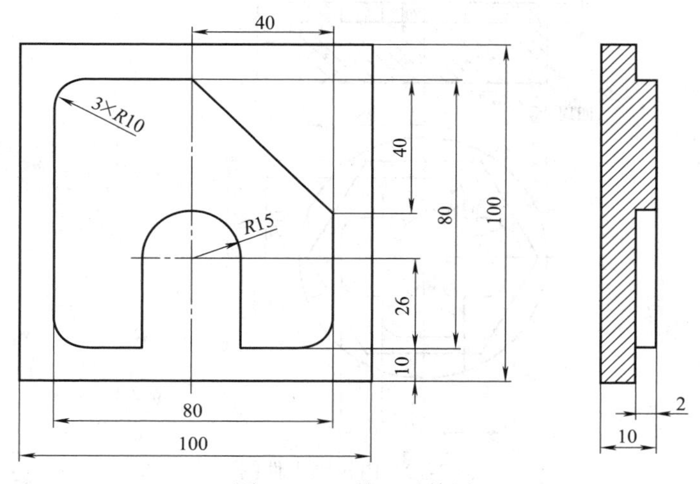

图 3-17　训练 1 零件图

训练 2. 绘制如图 3-18 所示零件数控加工走刀路线，编写其数控加工程序，仿真加工，并检测。毛坯尺寸 120mm×100mm×15mm，材料 Al。

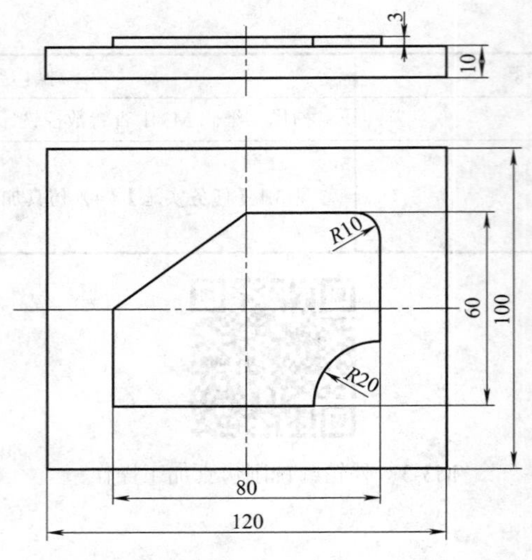

图 3-18 训练 2 零件图

3.3 内轮廓零件的编程

【任务描述】

① 零件图样：如图 3-19 所示；

② 毛坯尺寸：ϕ60mm×20mm；

③ 毛坯材料：Al；

④ 考核要求：制定数控加工工艺方案，编写数控加工程序，仿真加工，达到图样技术要求。

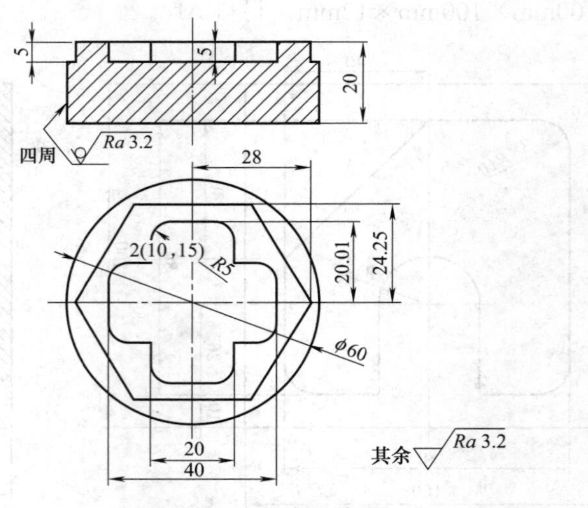

图 3-19 内轮廓零件图

【任务目标】

① 合理制定内轮廓零件数控铣削加工工艺方案；

② 学会内轮廓零件走刀路线设计及数值计算；
③ 掌握内轮廓零件数控编程方法及编程技巧。

【任务实施】

(1) 制定工艺方案

内轮廓零件加工工艺方案如表 3-12 所示。

表 3-12　内轮廓零件加工工艺方案

项　目	说　明
图样分析	① 毛坯尺寸为 ϕ60mm×20mm，材料 Al ② 该零件加工内容有平面铣削、内轮廓铣削 ③ 待加工表面粗糙度全部 Ra3.2μm
系统设备	FANUC 0i Mate 数控铣床
刀具选择	H01：ϕ10mm 立铣刀，BT40 刀柄　总长 70mm，刃长 25mm，切削刃数 4 刃，可加工方式为侧刃和全底刃
工件装夹	卡盘直接装夹，保证毛坯伸出平口钳外 8mm 以上
工件坐标原点设定	工件坐标原点取零件上表面的中心
加工方案	铣上表面→粗铣外轮廓→精铣外轮廓→粗铣内轮廓→粗铣内轮廓→去除毛刺
切削用量选择	铣平面：n=1200r/min，f=500mm/min 粗铣外轮廓：n=1500r/min，f=500mm/min，a_p=2.0mm，a_w=1.0mm 精铣外轮廓：n=1600r/min，f=400mm/min，精加工余量 0.5mm 粗铣内轮廓：n=1500r/min，f=500mm/min，a_p=1.5mm，a_w=1.0mm 精铣内轮廓：n=1600r/min，f=400mm/min，精加工余量 0.5mm

(2) 运行轨迹

内轮廓加工运行轨迹如表 3-13 所示。

表 3-13　内轮廓零件加工运行轨迹方案

加工顺序	运行轨迹	坐标计算
铣平面	M N	起刀点 M→N 退刀点
粗铣外轮廓	D(−14,24.25)　E(14,24.25) C(−28,0)　O　F(28,0) B(−14,−24.25)　A(14,−24.25)	A(14,−24.25)→B(−14,−24.25) →C(−28,0)→D(−14,24.25) →E(14,24.25)→F(28,0) →A(14,−24.25)

续表

加工顺序	运行轨迹	坐标计算
精铣外轮廓		精加工时修改刀具半径补偿值，走刀路线同粗铣外轮廓
粗铣内轮廓	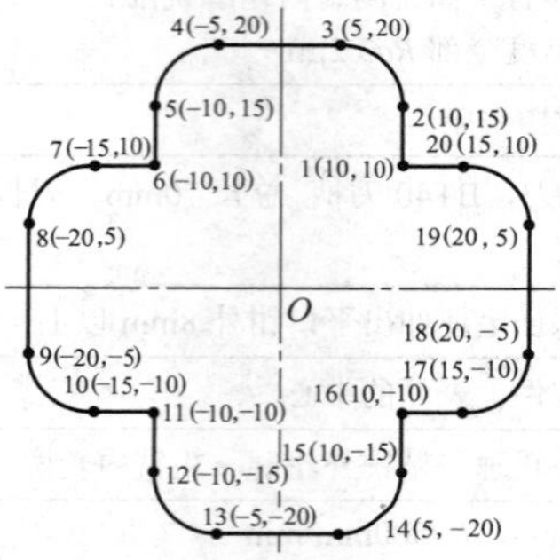	下刀点 0（0,10）→ 1（10,10）→ 2（10,15）→ 3（5,20）→ 4（-5,20）→ 5（-10,15）→ 6（-10,10）→ 7（-15,10）→ 8（-20,5）→ 9（-20,-5）→ 10（-15,-10）→ 11（-10,-10）→ 12（-10,-15）→ 13（-5,-20）→ 14（5，-20）→ 15（10,-15）→ 16（10,-10）→ 7（15，-10）→ 18（20，-5）→ 19（20，5）→ 20（15，10）→ 1（10，10）
精铣内轮廓	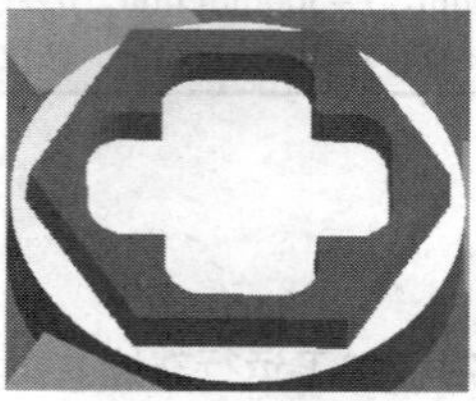	精加工修改刀具半径补偿值，走刀路线同粗铣内轮廓

（3）加工程序

内轮廓零件加工程序如表 3-14 ～表 3-16 所示。

表 3-14　内轮廓零件加工程序（一）

内　容	说　明
O0005（铣平面）	程序名
G54G90G40G49G00X35.Y35.S1000M03;	建立工件坐标系，绝对坐标编程，设置定刀点、转速
G43Z100.H01;	调 1 号长度补偿值，定位至 Z100.
Z5.;	二次验证，定位至 Z5.
G01Z-1.F300;	工件外下刀 1mm，下刀慢
M98P50010;	调用子程序 O10，循环 5 次
G00Z100.;	抬刀至 Z100.
M30;	程序结束并返回
O0010;	子程序

续表

内　　容	说　　明
G91G01X-60.F500;	*X* 负方向移动 60mm
Y-8.;	移刀 8mm
X60;	*X* 正方向移动 60mm
Y-8.;	移刀 8mm
M99;	子程序结束返回主程序

表 3-15　内轮廓零件加工程序（二）

内　　容	说　　明
O0006（铣外轮廓）	程序名
G54G40G49G90G00X35Y-20.S1200M03;	建立工件坐标系，绝对坐标编程，设置定刀点、转速
G43Z100.H01;	调 01 号长度补偿值，定位至 *Z*100.
Z5.;	二次验证，定位至 *Z*5.
G01Z-5.F100;	工件外侧下刀 5m，下刀慢
G41G01X14.0Y-24.25D01F500;	靠近工件 *A* 点，调用刀具补偿值 D01 为 *R*5
G01X-14.;	G01 直线插补至 *B* 点
G01X-28.Y0.;	G01 直线插补至 *C* 点
G01X-14.Y24.25;	G01 直线插补至 *D* 点
G01X14.;	G01 直线插补至 *E* 点
G01X28.Y0;	G01 直线插补至 *F* 点
G01X14.Y-24.25;	G01 直线插补至 *F* 点
G40G01X35.;	G01 插补至 *X*35，并取消刀具半径补偿值
G01Z10.0;	抬刀至 *Z*10.
G49G00Z100.;	抬刀并取消刀具长度补偿，至 *Z*100.
M30;	程序结束并返回
	注：精加工通过减小刀具半径补偿值，再次执行原程序即可

表 3-16　内轮廓零件加工程序（三）

内　　容	说　　明
O0007（粗、精铣内轮廓）	程序名
G54G40G49G90G00X0Y10.S1200M03;	建立工件坐标系，绝对坐标编程，设置定刀点、转速
G43Z100.H01;	调 01 号长度补偿值，定位至 *Z*100.
Z5.;	二次验证，定位至 *Z*5.
G01Z-5F400;	工件外侧下刀 5m，下刀慢
G41G01X10.0D01F500;	靠近工件 1 点，调刀具补偿值 D01，其值为 *R*5
G01Y15.;	G01 直线插补至 2 点
G03X5Y20.R5;	G03 圆弧插补至 3 点
G01X-5.Y20.;	G01 直线插补至 4 点
G03X-10.Y15.R5.;	G03 圆弧插补至 5 点

续表

内　容	说　明
G01X-10.Y10.;	G01 直线插补至 6 点
G01X-15.;	G01 直线插补至 7 点
G03X-20.Y5.R5.;	G03 圆弧插补至 8 点
G01Y-5;	G01 直线插补至 9 点
G03X-15.Y-10.R5.;	G03 圆弧插补至 10 点
G01X-10.;	G01 直线插补至 11 点
G01Y-15.;	G01 直线插补至 12 点
G03X-5.Y-20.R5.;	G03 圆弧插补至 13 点
G01X5.;	G01 直线插补至 14 点
G03X10.Y-15.R5.;	G03 圆弧插补至 15 点
G01Y-10.;	G01 直线插补至 16 点
G01X15.;	G01 直线插补至 17 点
G03X20.Y-5.R5.;	G03 圆弧插补至 18 点
G01X20.Y5.;	G01 直线插补至 19 点
G03X15.Y10.R5.;	G03 圆弧插补至 20 点
G01X10.;	G01 直线插补回至 1 点
G40G01X0.;	G01 直线插补至 *X*0，并取消刀具半径补偿值
G00Z100.;	抬刀至 *Z*100.，并取消刀具长度补偿值
M30;	程序结束并返回
	注：精加工时，减小刀具半径补偿值，再次执行原程序

（4）仿真加工

内轮廓仿真加工操作步骤如表 3-17 所示，铣削操作视频扫描二维码 M3-4 观看。

表 3-17　内轮廓零件仿真加工操作步骤

序号	操 作 步 骤	操 作 要 点
Ⅰ～Ⅳ	进入数控加工仿真系统 选择数控铣床 开机 回参考点	见 3.1【任务实施】（4）仿真加工
Ⅴ	选择毛坯，并安装	ϕ60mm×20mm，材料低碳钢；选择夹具，安装毛坯，保证伸出平口钳外 6mm 以上
Ⅵ	选择刀具	主轴上安装 ϕ10mm 立铣刀

续表

序号	操作步骤	操作要点
Ⅶ	对刀，并检验	见 M3-1 数控铣床对刀操作
Ⅷ～Ⅸ	输入程序 运行程序	见 3.1【任务实施】（4）仿真加工
Ⅹ	质量检测	测量所有待测表面，检查测量结果，必要时进行程序调试

M3-4 内轮廓铣削仿真加工操作

【技术指导】

① 选择内轮廓刀具时应注意刀具半径应小于轮廓的圆弧半径；
② 注意内轮廓的下刀位置、走刀路线的选择及 G41/G42 的正确选用；
③ 注意内轮廓加工时多余材料的去除，防止刀具产生过切。

【同步训练】

训练 1. 绘制如图 3-20 所示零件数控加工走刀路线，编制其数控加工程序，并仿真加工。毛坯尺寸 80mm×80mm×35mm，材料 Al，毛坯四周及底面已加工完成。

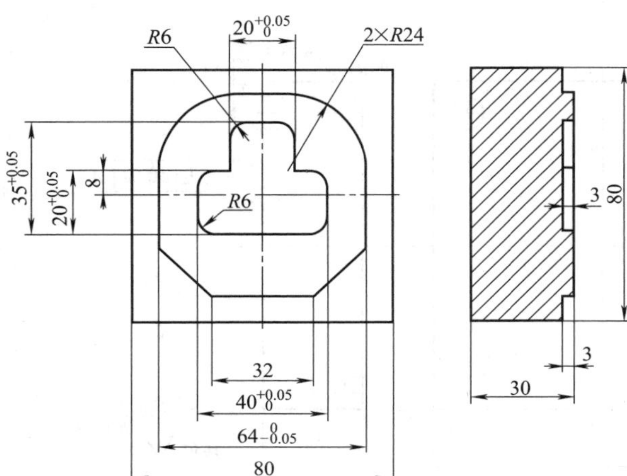

技术要求：
1.未注倒角均为$C1.5$
2.表面粗糙度全部 $\sqrt{Ra\ 3.2}$。

图 3-20 训练 1 零件图

训练 2. 绘制如图 3-21 所示零件数控加工走刀路线，编制其数控加工程序，并仿真加工。毛坯尺寸 200mm×104mm×52mm，材料 Al。

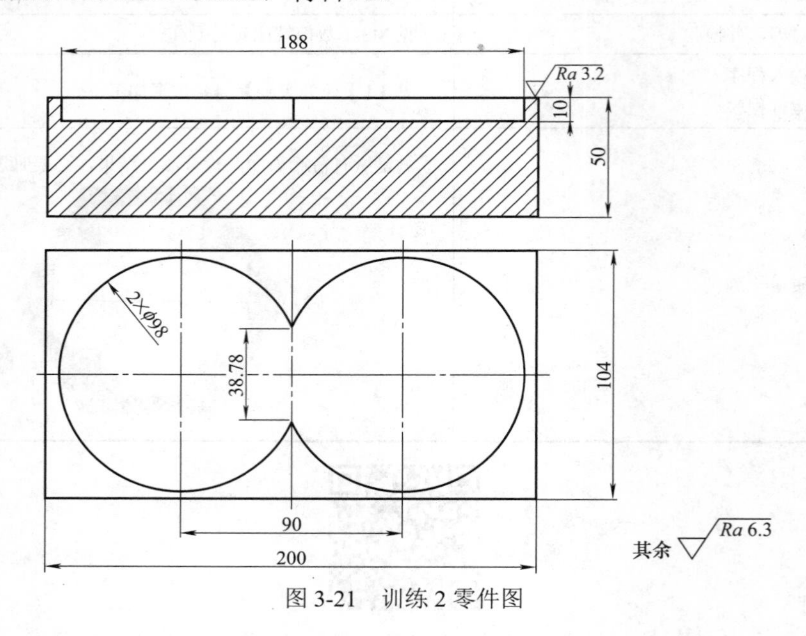

图 3-21　训练 2 零件图

3.4　孔类零件的编程

【任务描述】

① 零件图样：如图 3-22 所示；

② 毛坯尺寸：100mm×100mm×30mm；

③ 毛坯材料：Al；

④ 考核要求：制定数控加工工艺方案，编写数控加工程序，仿真加工，达到图样技术要求。

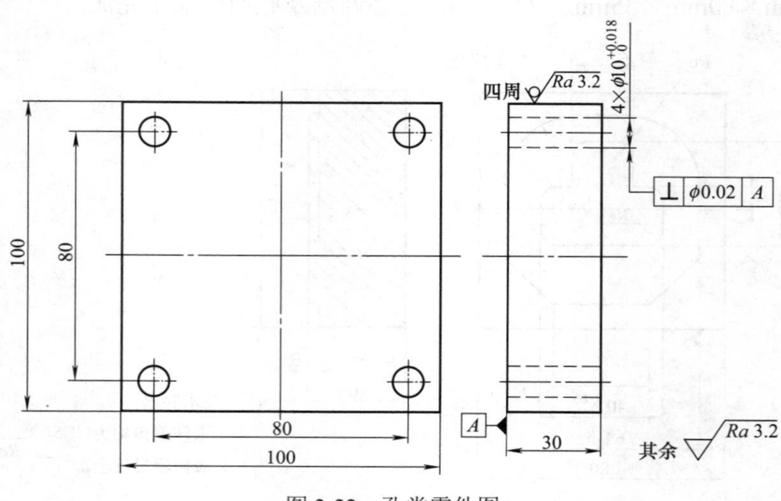

图 3-22　孔类零件图

【任务目标】

① 掌握孔系零件数控加工工艺方案制定；
② 掌握 G80、G81、G82、G83 指令格式及用法；
③ 学会孔类零件数控加工的数值计算及其编程。

【相关知识】

① 钻孔循环 G81 指令。
指令格式：G98/G99 G81 X__ Y__ Z__ R__ F__；
其中，X、Y 为孔中心的坐标；Z 为孔底的坐标；R 为参考平面的坐标；F 为进给速度。

G98 指令孔加工循环结束后刀具返回初始平面；G99 指令孔加工循环结束后刀具返回参考平面。

G81 走刀路线视频扫描二维码 M3-5 观看。

M3-5　G81 指令走刀路线

② 锪孔钻削循环 G82 指令。
指令格式：G98/G99 G82 X__ Y__ Z__ R__ P__ F__；
其中，P 为刀具在孔底暂停时间，其余参数同上。
③ 深孔钻削循环 G83 指令。
指令格式：G98/G99 G83 X__ Y__ Z__ R__ Q__ K__ F__；
其中，Q 为每次进给的深度；K 为退刀距离；其余参数同上。
④ 取消钻孔循环 G80 指令。
指令格式：G80；

【任务实施】

（1）制定工艺方案

孔类零件加工工艺方案如表 3-18 所示。

表 3-18　孔类零件加工工艺方案

项　目	说　明
图样分析	① 毛坯尺寸为 100mm×100mm×30mm，材料 Al ② 该零件加工内容有平面铣削、钻孔、铰孔 ③ 待加工表面粗糙度全部 *Ra*3.2μm
系统设备	FANUC 0i Mate 数控铣床
刀具选择	H01：ϕ10mm 立铣刀，BT40 刀柄 总长 70mm，刃长 25mm H02：ϕ9.8mm 钻头 H03：ϕ10mm 铰刀

续表

项　目	说　明
工件装夹	平口钳直接装夹，保证毛坯伸出平口钳外 6mm 以上
工件坐标原点设定	工件坐标原点取零件上表面的正中心
加工方案	铣上表面→钻孔→铰孔→去除毛刺
切削用量选择	铣平面：n=1200r/min，f=500mm/min 钻孔：n=500r/min，f=200mm/min 铰孔：n=200r/min，f=80mm/min

（2）运行轨迹

孔加工运行轨迹如表 3-19 所示。

表 3-19　孔加工运行轨迹方案

加工顺序	运行轨迹	坐标计算
铣平面	M N	起刀点 M→退刀点 N
钻孔 4 处	1 2 3 4 Y X	下刀点 0（0，0） →1（10,10）→2（−10,10） →3（−10,−10）→4（10,−10）
铰孔 4 处		走刀路线同钻孔

（3）加工程序

孔类零件加工程序如表 3-20～表 3-22 所示。

表 3-20　孔类零件加工程序（一）

内　容	说　明
O0008（平面加工）	主程序
G54G90G00X60.Y60.S1000M03;	建立工件坐标系，绝对坐标系，设置定刀点，转速
G43Z100.H01;	调 1 号长度补偿值，定位至 Z100.
Z5.;	二次验证，定位至 Z5.

续表

内　　容	说　　明
G01Z-1.F300；	工件外下刀1mm，下刀慢
M98P50010；	调用子程序O10，循环5次
G00Z100.；	抬刀至Z100.
M30；	程序结束并返回
O0010	子程序
G91G01X-110.F500；	X负方向铣平面110mm
Y-8.；	移刀8mm
X110；	X正方向铣平面110mm
Y-8.；	移刀8mm
M99；	子程序结束返回主程序

表3-21　孔类零件加工程序（二）

内　　容	说　　明
O0009（钻孔）	程序名
G54G90G00X0Y0S500M03；	建立工件坐标系，绝对坐标系，设置定刀点，转速
G43Z100.H02；	调02号度补偿值，定位至Z100.
G98G83X40.Y40. Z-35R5.Q3.K0.5F200；	钻深孔循环指令G83，钻孔1
X-40.；	钻深孔循环指令G83，钻孔2
Y-40.；	钻深孔循环指令G83，钻孔3
X40.；	钻深孔循环指令G83，钻孔4
G80；	取消刀具钻孔循环
G00Z100.；	抬刀至Z100.
M30；	程序结束并返回

表3-22　孔类零件加工程序（三）

内　　容	说　　明
O0010（铰孔）	程序名
G54G90G00X0Y0S300M03；	建立工件坐标系，绝对坐标系，设置定刀点，转速
G43Z100.H03；	调03号度补偿值，定位至Z100.
G98G81X40.Y40 Z-35.R5. F80；	钻孔循环指令G81，钻孔1
X-40.；	钻孔循环指令G81，钻孔2
Y-40.；	钻孔循环指令G81，钻孔3
X40.；	钻孔循环指令G81，钻孔4
G80；	取消刀具钻孔循环
G00Z100.；	抬刀至Z100.
M30；	程序结束并返回

（4）仿真加工

孔零件仿真加工操作步骤如表3-23所示，铣削操作视频扫描二维码M3-6观看。

表 3-23　孔零件仿真加工操作步骤

序号	操作步骤	操作要点
Ⅰ～Ⅳ	进入数控加工仿真系统 选择数控铣床 开机 回参考点	见 3.1【任务实施】（4）仿真加工
Ⅴ	选择毛坯，并安装	毛坯 100mm×100mm×30mm，材料 Al；选择夹具，安装毛坯，保证伸出平口钳外 6mm 以上
Ⅵ	选择刀具	主轴上安装 ϕ10mm 立铣刀；ϕ9.8mm 钻头；ϕ10mm 铰刀
Ⅶ	对刀，并检验	扫描二维码 M3-1 查看数控铣床对刀操作
Ⅷ～Ⅹ	输入程序 运行程序 质量检测	见 3.1【任务实施】（4）仿真加工

M3-6　孔类零件铣削仿真加工操作

【技术指导】

深孔钻削循环 G83 指令的工作过程如图 3-23 所示；锪孔钻削循环 G82 指令的工作过程与 G81 相似，只是在孔底增加一个暂停。

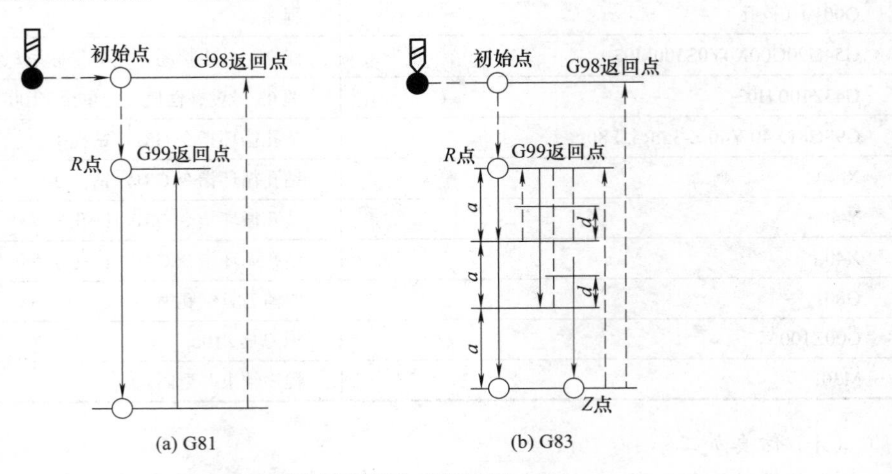

图 3-23　钻孔循环指令工作过程

【同步训练】

训练1. 制定如图3-24所示零件数控加工工艺方案，编写其数控加工程序，并仿真加工。毛坯尺寸100mm×100mm×35mm，材料Al。

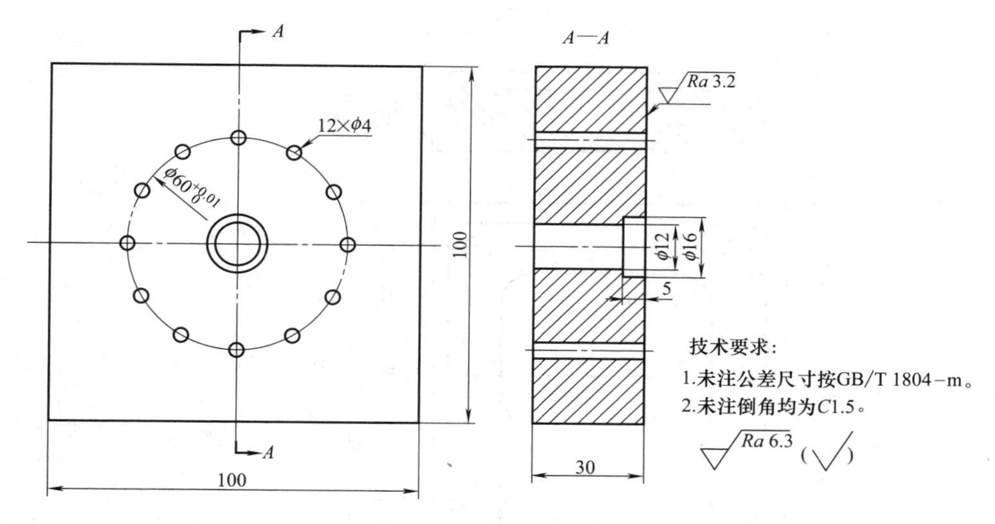

图3-24　训练1零件图

训练2. 如图3-25所示零件，毛坯尺寸100mm×100mm×52mm，材料Al，其四周及底面已加工完成。绘制其数控加工走刀路线，编制其加工程序，并仿真加工。

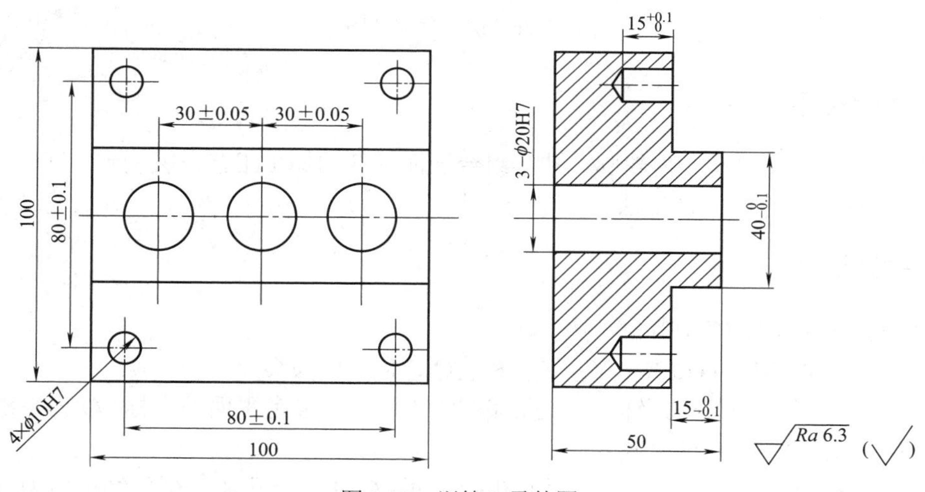

图3-25　训练2零件图

3.5　综合件的编程

【任务描述】

① 零件图样：如图3-26所示；

② 毛坯尺寸：100mm×100mm×25mm；

③ 毛坯材料：Al；

④ 考核要求：制定数控加工工艺方案，编写数控加工程序，仿真加工，达到图样技术要求。

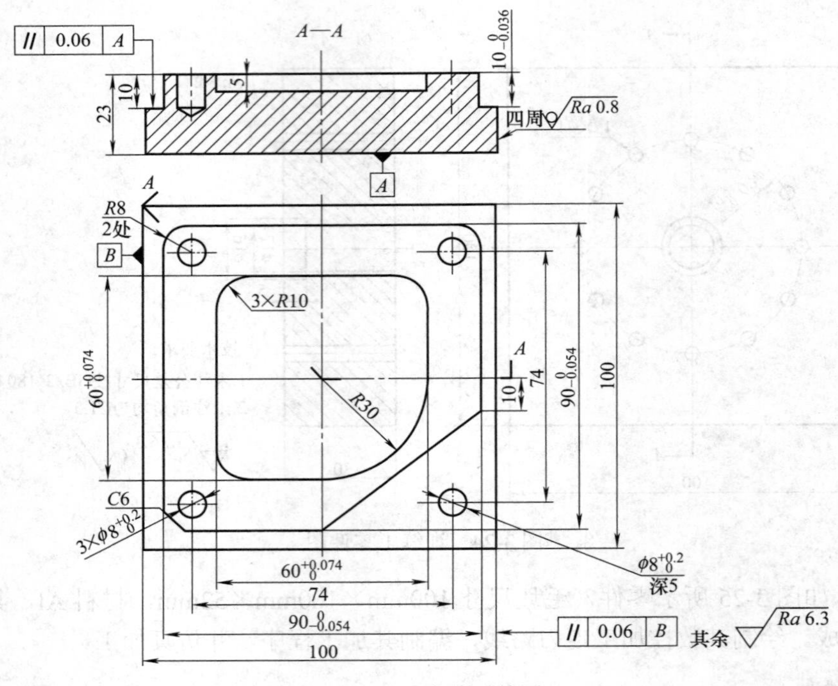

图 3-26　综合件零件图

【任务目标】

① 掌握平面、外轮廓、内轮廓、孔等组合表面零件的加工工艺方案制定；

② 掌握 G73 指令格式及用法。

【相关知识】

高速深孔钻削循环 G73 指令。

指令格式：G98/G99 G73 X__ Y__ Z__ R__ Q__ K__ F__；

其中，X、Y 为孔中心的坐标；Z 为孔底的坐标；R 为参考平面的坐标；Q 为每次进给的深度；K 为退刀距离；F 为进给速度。

G98 指令孔加工循环结束后刀具返回初始平面；G99 指令孔加工循环结束后刀具返回参考平面。

【任务实施】

（1）制定工艺方案

综合件加工工艺方案如表 3-24 所示。

（2）运行轨迹

综合件加工运行轨迹如表 3-25 所示。

表 3-24　综合件加工工艺方案

项　　目	说　　明
图样分析	① 毛坯尺寸为 100mm×100mm×25mm，材料 Al ② 该零件加工内容有平面铣削、外轮廓铣削、内轮廓铣削、孔钻削、孔铰削 ③ 待加工表面粗糙度 *Ra*6.3μm
系统设备	FANUC 0i Mate 数控铣床
刀具选择	H01：ϕ10mm 立铣刀 H02：ϕ7.8mm 钻头 H03：ϕ8mm 铰刀
工件装夹	平口钳直接装夹，保证毛坯伸出平口钳外 12mm 以上
工件坐标原点设定	工件坐标原点取零件上表面的对称中心
加工方案	铣上表面→粗、精外轮廓→粗、精内轮廓→钻孔→铰孔→去除毛刺
切削用量选择	铣平面：n=1000r/min，f=500mm/min 粗铣外轮廓：n=1500r/min，f=500mm/min 精铣外轮廓：n=1600r/min，f=400mm/min，精加工余量 0.5mm 粗铣内轮廓：n=1500r/min，f=500mm/min 精铣内轮廓：n=1600r/min，f=400mm/min，精加工余量 0.5mm 钻孔：n=500r/min，f=200mm/min 铰孔：n=300r/min，f=80mm/min

表 3-25　综合件加工运行轨迹方案

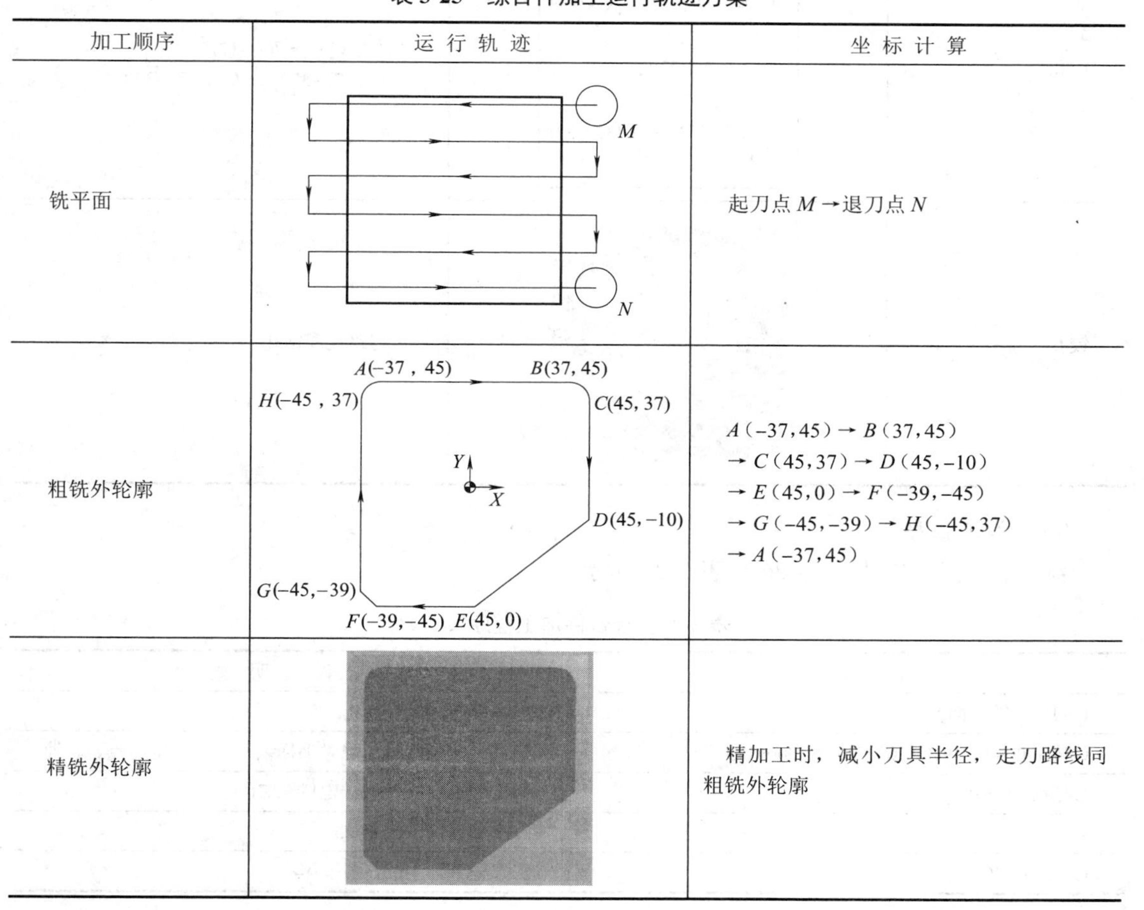

加工顺序	运 行 轨 迹	坐 标 计 算
铣平面		起刀点 *M*→退刀点 *N*
粗铣外轮廓		*A*(−37,45)→*B*(37,45) →*C*(45,37)→*D*(45,−10) →*E*(45,0)→*F*(−39,−45) →*G*(−45,−39)→*H*(−45,37) →*A*(−37,45)
精铣外轮廓		精加工时，减小刀具半径，走刀路线同粗铣外轮廓

续表

加工顺序	运行轨迹	坐标计算
粗铣内轮廓	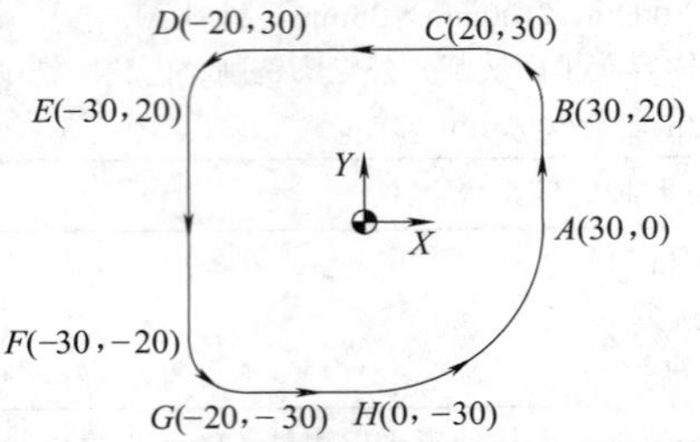 D(−20,30) C(20,30) E(−30,20) B(30,20) Y X A(30,0) F(−30,−20) G(−20,−30) H(0,−30)	O（0，0）→ A（30，0）→ B（30,20）→ C（20,30）→ D（−20,30）→ E（−30,20）→ F（−30,−20）→ G（−20,−30）→ H（0,−30）→ A（30,0）→ O（0,0）
精铣内轮廓		精加工时，增小刀具半径，走刀路线同粗铣内轮廓
钻孔	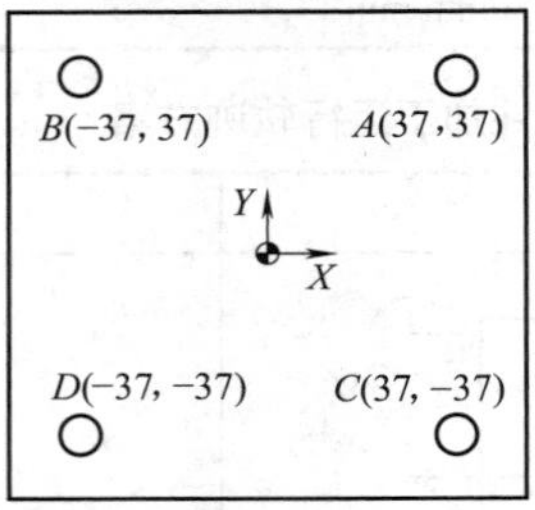 B(−37, 37) A(37,37) Y X D(−37, −37) C(37, −37)	A（37,37）→ B（−37,37）→ C（37,−37）→ D（−37,−37）
铰孔		走刀路线同钻孔

（3）加工程序

综合件加工程序如表 3-26 ～表 3-29 所示。

表 3-26　综合件加工程序（一）

内　容	说　明
O0011（铣平面）	主程序
G54G90G40G49G00X60.Y60.S1000M03;	建立工件坐标系，绝对坐标编程，设置定刀点、转速
G43Z100.H01;	调 1 号长度补偿值，定位至 Z100.
Z5.;	二次验证，定位至 Z5.
G01Z-1.F300;	工件外下刀 1mm，下刀慢

续表

内　　容	说　　明
M98P50010;	调用子程序 O10，循环 5 次
G00Z100.;	抬刀至 Z100.
M30;	程序结束并返回
O0010	子程序
G91G01X-110.F500;	X 负方向铣平面 110mm
Y-8.;	移刀 8mm
X110;	X 正方向铣平面 110mm
Y-8.;	移刀 8mm
M99;	子程序结束返回主程序

表 3-27　综合件加工程序（二）

内　　容	说　　明
O0012（粗、精铣外轮廓）	主程序
G54G90G40G49G00X-60.Y55.S1600M03;	建立工件坐标系，绝对坐标编程，设置定刀点、转速
G43Z100.H01;	调 1 号长度补偿值，定位至 Z100.
Z5.;	二次验证，定位至 Z5.
G01Z0.F100;	工件外侧下刀至 Z0. 位置
M98P50011;	调用子程序 5 次，子程序号 O0011，分层切削
G00Z100.;	抬刀至 Z100.，并取消刀具长度补偿值
M30;	程序结束并返回开头
	注：精加工可以通过减小刀具半径补偿值，再次执行原程序即可
O0011	子程序
G91G01Z-2.F100;	相对坐标下刀 2mm
G90G41G01X-45.Y45.D01F500;	G01 直线插补至（−45.,45.）
G01X37.;	G01 直线插补至 B 点
G02X45.Y37.R8.;	G01 直线插补至 C 点
G01Y-10.;	G01 直线插补至 D 点
X0Y-45.;	G01 直线插补至 E 点
X-39.;	G01 直线插补至 F 点
X-45.Y-39.;	G01 直线插补至 G 点
Y37.;	G01 直线插补至 H 点
G02X-37.Y45.R8.;	G01 直线插补至 A 点
G40G01Y60.;	取消半径补偿
M99;	子程序以 M99 结束

表 3-28　综合件加工程序（三）

内　　容	说　　明
O0013（钻孔）	主程序名
G54G90G40G49G00X0Y0S500M03;	建立工件坐标系，绝对坐标编程，设置定刀点、转速

续表

内　容	说　明
G43Z100.H02;	调 2 号长度补偿值，定位至 Z100.
G98G73X37.Y37.Z-10.R5.Q3.K0.5F200;	G73 高速钻孔于 A 点
X-37.Y37.;	G73 高速钻孔于 B 点
X37.Y-37.Z-15.;	G73 高速钻孔于 C 点
X-37.Y-37.;	G73 高速钻孔于 D 点
G80;	取消钻孔循环指令
G00Z100.;	提刀至 Z100. 处
M05;	主轴停止转动
M30;	程序结束并返回开头

表 3-29　综合件加工程序（四）

内　容	说　明
O0014（铰孔）	程序名
G54G90 G40G49G00X0Y0S300M03;	建立工件坐标系，绝对坐标编程，设置定刀点、转速
G43Z100.H03;	调 3 号长度补偿值，定位至 Z100.
G98G81X37.Y37.Z-10.R5. F80;	G81 铰孔于 A 点
X-37.Y37.;	G81 铰孔于 B 点
X37.Y-37.Z-15.;	G81 铰孔于 C 点
X-37.Y-37.;	G81 铰孔于 D 点
G80;	取消钻孔循环指令
G00Z100.;	提刀至 Z100. 处
M05;	主轴停止转动
M30;	程序结束并返回开头

（4）仿真加工

综合件仿真加工操作步骤如表 3-30 所示，铣削操作视频扫描二维码 M3-7 查看。

表 3-30　综合件仿真加工操作步骤

序号	操 作 步 骤	操 作 要 点
Ⅰ～Ⅳ	进入数控加工仿真系统 选择数控铣床 开机 回参考点	见 3.1【任务实施】（4）仿真加工
Ⅴ	选择毛坯，并安装	毛坯尺寸 100mm×100mm×25mm，材料 Al；选择夹具，安装毛坯，保证伸出平口钳外 12mm 以上
Ⅵ	选择刀具	主轴上安装 ϕ10mm 立铣刀，ϕ7.8mm 钻头，ϕ8mm 铰刀  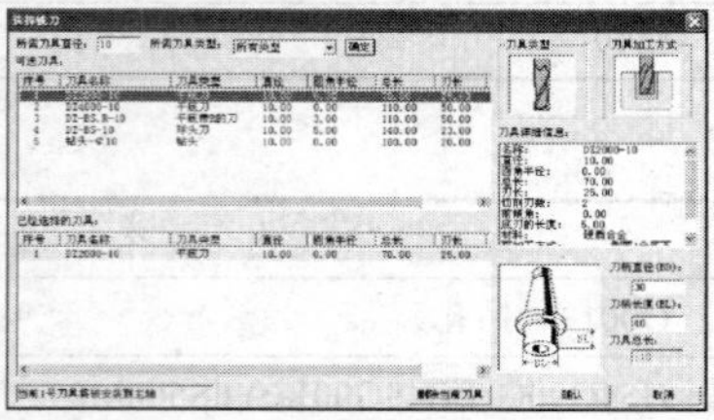

续表

序号	操作步骤	操作要点
Ⅶ	对刀，并检验	扫描二维码 M3-1 查看数控铣床对刀操作
Ⅷ～Ⅸ	输入程序 运行程序	见 3.1【任务实施】（4）仿真加工
Ⅹ	质量检测	加工结束后测量所有待测表面，检查测量结果，必要时进行程序调试

M3-7　综合件铣削仿真加工操作

【技术指导】

① 深孔钻削循环 G83 与高速深孔钻削循环 G73 的指令格式相同，两者工作过程相似，不同之处在于 G73 退刀距离短，因此比 G83 钻孔速度快，如图 3-27 所示。

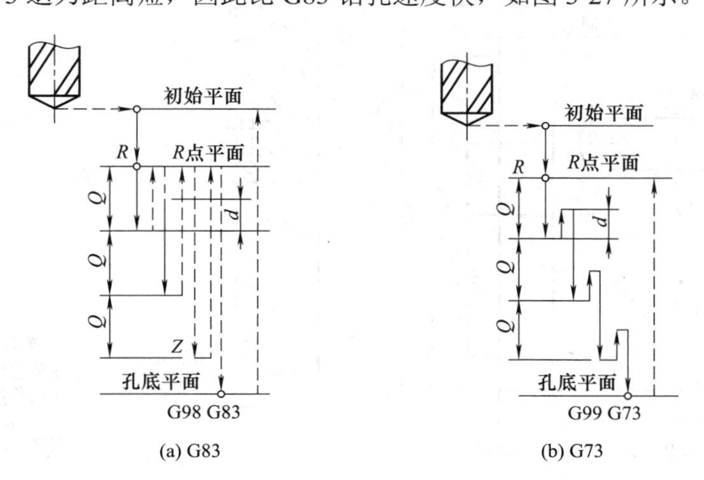

图 3-27　G83、G73 指令工作过程

② 当孔的位置精度要求较高时，孔加工顺序应沿着一个方向走刀。

【同步训练】

训练 1. 绘制如图 3-28 所示零件数控加工走刀路线，编制其数控加工程序，仿真加工，并检测。毛坯尺寸 80mm×80mm×25mm，材料 Al。

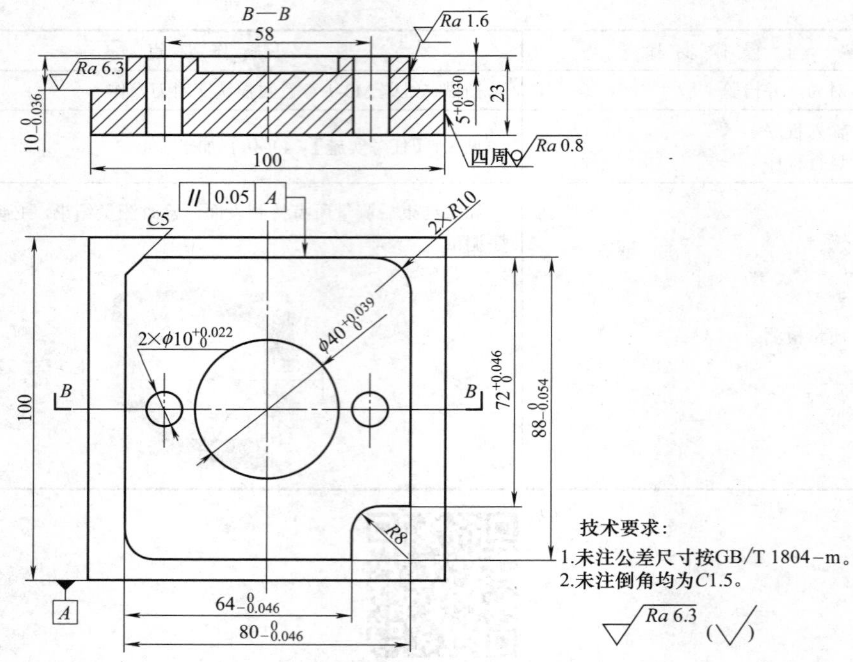

图 3-28 训练 1 零件图

训练2. 如图3-29所示，精加工外轮廓面，选用合适刀具，选择进给速度F为100mm/min，主轴转速S为1000r/min，编制其数控加工程序，仿真加工，并检测。毛坯尺寸100mm×100mm×25mm，材料Al。

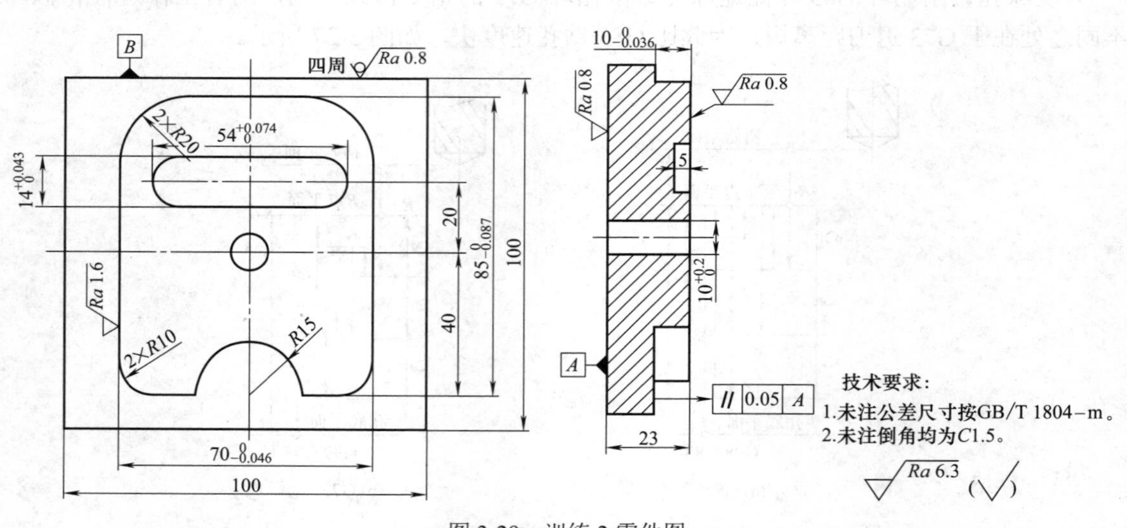

图 3-29 训练 2 零件图

3.6 薄壁零件的编程

【任务描述】

① 零件图样：如图 3-30 所示；

② 毛坯尺寸：50mm×50mm×31mm；

③ 毛坯材料：Al；

④ 考核要求：制定数控加工工艺方案，编写数控加工程序，仿真加工，达到图样技术要求。

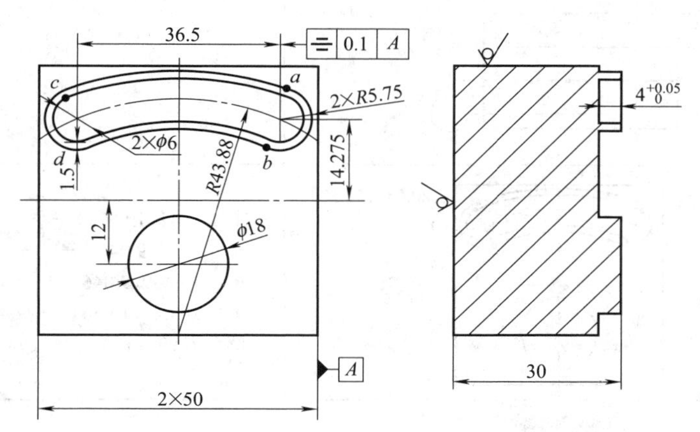

a：X=20.641 Y=19.504

b：X=15.859 Y=9.046

c：X=−20.018 Y=18.14

d：X=−16.482 Y=10.410

图 3-30 薄壁零件图

【任务目标】

① 学会制定薄壁零件加工工艺方案；

② 掌握薄壁零件数控铣削加工程序编制方法。

【任务实施】

（1）制定工艺方案

薄壁零件加工工艺方案如表 3-31 所示。

表 3-31 薄壁零件加工工艺方案

项　目	说　明
图样分析	① 毛坯尺寸为 50mm×50mm×30mm，材料 Al ② 该零件加工内容有平面铣削、圆弧面铣削、内轮廓铣削、外轮廓铣削
系统设备	FANUC 0i Mate 数控铣床
刀具选择	H1：ϕ8mm 立铣刀，BT40 刀柄，总长 70mm，刃长 25mm，切削刃数 4 刃，可加工方式为侧刃和全底刃
工件装夹	平口钳直接装夹，保证毛坯伸出平口钳外 10mm 以上
工件坐标原点设定	工件坐标原点取零件上表面的对称中心
加工方案	铣上表面→粗、精铣外轮廓→粗、精铣内轮廓→去除毛刺
切削用量选择	铣平面：n=1200r/min，f=500mm/min 粗铣内、外轮廓：n=1500r/min，f=500mm/min 精铣内、外轮廓：n=1600r/min，f=400mm/min，精加工余量 0.5mm

（2）运行轨迹

薄壁零件加工运行轨迹如表 3-32 所示。

表 3-32　薄壁零件加工运行轨迹方案

加工顺序	运行轨迹	坐标计算
铣平面	M N	起刀点 $M\to N$ 退刀点
粗铣外轮廓	$C(-20.018,18.4)$ A_1 $A(20.641,19.504)$ D_1 C_1 $D(-16.482,10.41)$ B_1 Y $B(15.859,9.046)$ X E	A（20.641，19.504）→ B（15.859，9.046）→ B_1（−15.859，9.046）→ A_1（−20.641，19.504）→ A 圆台 E（9，−12）→ E（9，−12）
精铣外轮廓		精加工时减小刀具半径，走刀路线同上
粗铣内轮廓	$C(-20.018,18.14)$ A_1 $A(20.641,19.504)$ D_1 C_1 $D(-16.482,10.41)$ B_1 Y $B(15.859,9.046)$ X E	C_1（20.018，18.14）→ C（−20.018，18.14）→ D（−16.482，10.41）→ D_1（16.482，10.41）→ C_1
精铣内轮廓		精加工时减小刀具半径，走刀路线同粗铣内轮廓

（3）加工程序

薄壁件加工程序如表 3-33 ～表 3-36 所示。

表 3-33　薄壁件加工程序（一）

内　容	说　明
O0015（铣平面）	主程序
G54G90G49G40G00X35.Y21.S1200M03;	建立工件坐标系，绝对坐标编程，设置定刀点及转速

续表

内　　容	说　　明
G43Z100.H01；	调 1 号长度补偿值，定位至 *Z*100.
Z5.；	二次验证，定位至 *Z*5.
G01Z-1.F300；	工件外下刀 1mm，下刀慢
M98P40010；	调用子程序 O10，循环 4 次
G00Z100.；	抬刀至 *Z*100.
M30；	程序结束并返回
O0010；	子程序号（铣平面子程序）
G91G01X-70.F500；	*X* 负方向铣平面 70mm
Y-7.；	移刀 7mm
X70；	*X* 正方向铣平面 70mm
Y-7.；	移刀 7mm
M99；	子程序结束返回主程序

表 3-34　薄壁件加工程序（二）

内　　容	说　　明
O0016（铣外轮廓）	主程序
G54G90G40G49G00X35.Y35.S1500M03；	建立工件坐标系，绝对坐标系，设置定刀点及转速
G43Z100.H01；	调 1 号长度补偿值，定位至 *Z*100.
Z5.；	二次验证，定位至 *Z*5.
G01Z0.F80；	工件外侧下刀至 *Z*0. 位置
M98P40011；	调用子程序 4 次，子程序号 O0011, 分层切削
G00Z100.；	抬刀至 *Z*100.，并取消刀具长度补偿值
M30；	程序结束并返回开头
	注：精铣外轮廓时，改变刀具半径补偿值，执行 O0011 程序
O0011	子程序
G91G01Z-1.F80；	相对坐标下刀 1mm
G90G41G01X20.641Y19.504D01F400；	G01 直线插补至 *A* 点
G02X15.859Y9.046R5.75；	G02 圆弧插补至 *B* 点
G03X-15.859Y9.046R38.1；	G03 圆弧插补至 B_1 点
G02X-20.641Y19.504R5.75；	G02 圆弧插补至 A_1 点
G02X20.641Y19.504R38.13；	G02 圆弧插补至 *A* 点
G40G01X35.；	G01 直线插补至 *F* 点
M99；	子程序结束

表 3-35　薄壁件加工程序（三）

内　　容	说　　明
O0017（铣外圆台）	主程序
G54G90G40G49G00X9.Y-35.S1500M03；	建立工件坐标系，绝对坐标编程，设置定刀点及转速

续表

内　容	说　明
G43Z100.H01;	调 1 号长度补偿值，定位至 Z100.
Z5.;	二次验证，定位至 Z5.
G01Z0.F80;	工件外侧下刀至 Z0. 位置
M98P40022;	调用子程序 4 次，子程序号 O0022，分层切削
G00Z100.;	抬刀至 Z100.，并取消刀具长度补偿值
M30;	程序结束并返回开头
O0022	子程序
G91G01Z-1F80;	相对坐标下刀 1mm
G90G41G01Y-12.D01F400;	G01 直线插补至 E 点
G02I-9;	G02 圆弧插补至 E 点
G40G01Y-35;	G01 直线插补至（9，-35）点
M99;	子程序结束

表 3-36　薄壁件加工程序（四）

内　容	说　明
O0018（铣内轮廓）	主程序
G54G90G40G49G00X18.25Y14.275S1500M03;	建立工件坐标系，绝对坐标编程，设置定刀点、转速
G43Z100.H01;	调 1 号长度补偿值，定位至 Z100.
Z5.;	二次验证，定位至 Z5.
G01Z0.F80;	工件外侧下刀至 Z0. 位置
M98P40041;	调用子程序 4 次，子程序号 O0041，分层切削
G00Z100.;	抬刀至 Z100.，并取消刀具长度补偿值
M30;	程序结束并返回开头
O0041	子程序
G91G01Z-1.F100;	相对坐标下刀 1mm
G90G41G01X20.018Y18.14D01F400;	G01 直线插补至 C_1 点
G03X-20.018Y18.140R48.132;	G03 圆弧插补至 C 点
G03X-16.482Y10.410R4.25;	G03 圆弧插补至 D 点
G02X16.482Y10.410R39.632;	G02 圆弧插补至 D_1 点
G03X20.018Y18.14R4.25;	G03 圆弧插补至 C_1 点
G40G01X18.25Y14.275;	G01 直线插补至（18.25，14.275）点
M99;	子程序结束

（4）仿真加工

综合件仿真加工操作视频扫描二维码 M3-8 观看。

M3-8　薄壁件铣削仿真加工操作

【技术指导】

① 薄壁零件刚性差，在加工中极易变形，使零件的形位误差增大，不易保证零件的加工质量，因此我们可利用高精度机床进行加工。

② 充分考虑工艺问题对零件加工质量的影响，因此对工件的装夹、刀具几何参数、程序的编制等方面进行试验，克服薄壁零件加工过程中出现的变形，保证加工精度。

【同步训练】

训练 1. 编制如图 3-31 所示零件数控加工工艺方案，编写数控加工程序，仿真加工，达到图样技术要求。毛坯尺寸 70mm×70mm×30mm，材料 Al。

训练 2. 如图 3-32 所示，编制零件数控加工工艺方案，编写数控加工程序，仿真加工。毛坯尺寸 ϕ80mm×35mm，材料 Al。

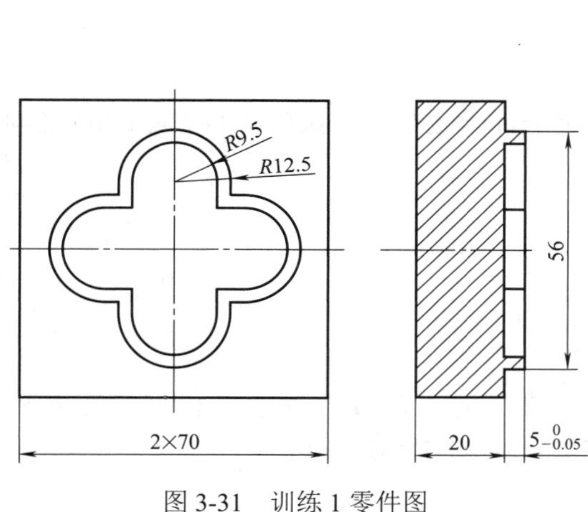

图 3-31 训练 1 零件图

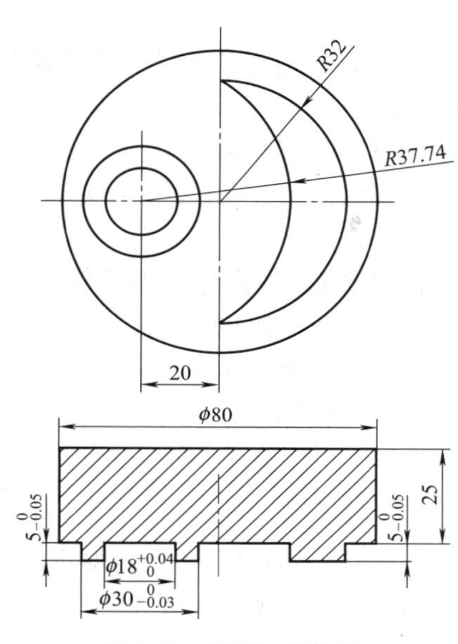

图 3-32 训练 2 零件图

3.7 椭圆零件的编程

【任务描述】

① 零件图样：如图 3-33 所示；

② 毛坯尺寸：110mm×110mm×30mm（上表面、底面和四个侧面已经加工完毕）；

③ 毛坯材料：Al；

④ 考核要求：制定数控加工工艺方案，编写数控加工程序，仿真加工，达到图样技术要求。

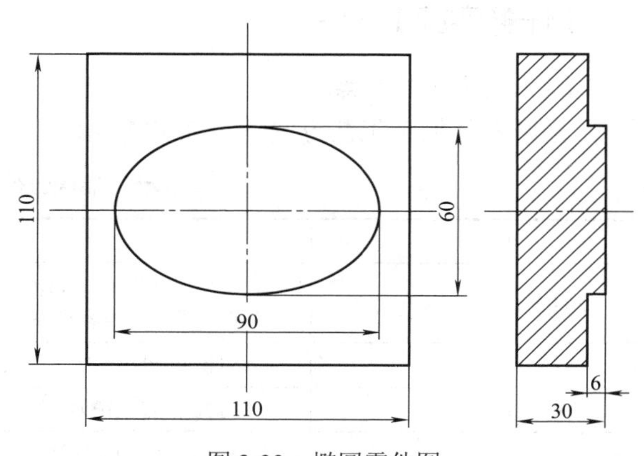

图 3-33 椭圆零件图

【任务目标】

① 掌握宏程序编程方法；

② 学会运用宏程序编写椭圆类零件数控加工程序；

③ 能够独立完成特殊曲线宏程序类零件的编程与加工。

【相关知识】

（1）宏程序编程指令

① IF 条件转移语句

IF < 条件表达式 > GOTO*n*；

表示如果指定的条件表达式满足时，则转移至标有顺序号 *n*（行号）的程序段。如果不满足指定的条件表达式，则顺序执行下一个程序段。

IF < 条件表达式 >THEN；

表示如果指定的条件表达式满足时，则执行预先指定的宏程序语句，而且只执行一个宏程序语句。

② WHILE 循环语句

WHILE< 条件表达式 >DO；

END；

在 WHILE 后指定一个条件表达式，当指定条件满足时，则执行从 DO 到 END 之间的程序段，否则转到 END 之后的程序段。

（2）椭圆方程表达式

椭圆的标准方程式为

$$\frac{X^2}{A^2}+\frac{Y^2}{B^2}=1$$

以椭圆初始角度 #1 为主变量，进行轮廓拟合加工时的 *X*、*Y* 坐标（#2 和 #3）为从变量，根据椭圆方程知 *X* 的坐标 #2=A*COS（#1）、*Y* 的坐标 #3=B*SIN（#1）。

（3）抛物线方程表达式

抛物线方程 $X=KY^2$，用变量 *Y* 表示 *X*：$X=\sqrt{Y/K}$。

【任务实施】

（1）制定工艺方案

椭圆零件加工工艺方案如表 3-37 所示。

表 3-37　椭圆零件加工工艺方案

项　目	说　明
图样分析	① 毛坯尺寸为 110mm×110mm×30mm，材料 Al ② 该零件加工内容有外轮廓铣削
系统设备	FANUC 0i 数控铣床
刀具选择	T1：ϕ20 平底立铣刀
工件装夹	以底面定位，平口钳直接装夹，保证毛坯伸出虎钳外 15mm 以上

续表

项　　目	说　　明
工件坐标原点设定	工件坐标原点取零件上表面的中心
加工方案	粗铣椭圆外轮廓→精铣椭圆外轮廓
切削用量选择	粗加工椭圆轮廓：n=1000r/min，f=150m/min，a_p=1.0mm 精加工椭圆轮廓：n=1600r/min，f=80m/min，精铣余量 0.5mm

（2）运行轨迹

椭圆零件加工运行轨迹方案如表 3-38 所示。

表 3-38　椭圆零件加工运行轨迹方案

加工顺序	运行轨迹	坐标计算
粗铣椭圆外轮廓		B(−56,46)　A(56,46)　C(−56,−46)　D(56,−46) A（56,46）→ B（−56,46）→ C（−56,−46）→ D（56,−46）→ A（56,46）
精铣椭圆外轮廓		F(0,30)　G(−45,0)　E(45,0)　H(0,−30) E（45,0）→ F（0,30）→ G（−45,0）→ H（0,−30）→ E（45,0）

（3）加工程序

椭圆零件加工程序如表 3-39 所示。

表 3-39　椭圆零件加工程序

程　　序	说　　明
O0019	程序名
G54G90G0X75.0Y46.0Z100.0;	建立工件坐标系，绝对坐标系，设置起刀点
M3S1000;	主轴正转，转速 1000r/min
G0Z5.0;	二次定位 Z 坐标
G1Z-2.0F120;	工件外下刀 2mm，下刀慢

续表

程　序	说　明
M98P10;	调用子程序 O10，循环 1 次
G1Z-4.0;	工件外下刀 4mm，下刀慢
M98P10;	调用子程序 O10，循环 1 次
G1Z-6.0;	工件外下刀 6mm，下刀慢
M98P10;	调用子程序 O10，循环 1 次
G00Z2.0;	抬刀
G90 G01X65.0;	定位至工件外点 X65.0Y0
Y0;	
G01Z-2.0;	工件外下刀 2mm，下刀慢
M98P20;	调用子程序 O20，循环 1 次
G01Z-4.0;	工件外下刀 4mm，下刀慢
M98P20;	调用子程序 O20，循环 1 次
G01Z-6.0;	工件外下刀 6mm，下刀慢
M98P20;	调用子程序 O20，循环 1 次
G90G0Z100.0;	抬刀
M5;	主轴停
M30;	程序结束，并返回程序头
O0010	子程序
G90G01X-56.0;	*X* 负方向铣平面 56mm
G01Y-46.0;	向下移刀 46mm
G01X56.0;	*X* 正方向铣平面 56mm
G01Y46.0;	向上移刀 46mm
M99;	子程序结束返回主程序
O0020	子程序
#1=0;	赋初始值
N18 #2=45*COS[#1];	计算 *X* 坐标
#3=30*SIN[#1];	计算 *Y* 坐标
G1G42X[#2]Y[#3]D01F60;	调用刀具补偿值 D01 为 *R*10
#1=#1+1;	变量增加一个步长
IF[#1LE360]GOTO18;	判断 #1 是否小于或等于 360，满足返回 N18
G1G40X65.0Y0;	取消刀具长度补偿值，返回至精加工起刀点
M99;	子程序结束返回主程序

（4）仿真加工

椭圆零件仿真加工操作步骤如表 3-40 所示，操作视频扫描二维码 M3-9 观看。

表 3-40 椭圆零件仿真加工操作步骤

序号	操作步骤	操作要点
Ⅰ～Ⅳ	进入数控加工仿真系统 选择数控铣床 开机 回参考点	见 3.1【任务实施】（4）仿真加工
Ⅴ	选择毛坯，并安装	毛坯尺寸 110mm×110mm×30mm，材料 Al 选择夹具，安装毛坯，伸出平口钳外 20mm 以上
Ⅵ	选择刀具	主轴上安装 ϕ20mm 立铣刀
Ⅶ～Ⅹ	对刀，并检验 输入程序 运行程序 质量检测	见 3.1【任务实施】（4）仿真加工

M3-9 椭圆零件铣削仿真加工操作

【技术指导】

① 椭圆数学模型的建立采用的是图样逼近法；
② 椭圆用参数给角度赋值，增加的变量与加工表面质量和效率有直接的关系；
③ 粗加工时调用子程序分层切削；
④ 精加工时，以椭圆的宏程序为子程序，分层切削。

【同步训练】

训练 1. 绘制如图 3-34 所示零件数控加工走刀路线，用宏程序编写数控加工程序，仿真加工，并检测。毛坯尺寸 110mm×110mm×30mm（上表面、底面和四个侧面已经加工完毕），材料 Al。

训练 2. 绘制如图 3-35 所示零件数控加工走刀路线，用宏程序编写其加工程序，仿真加工，并检测。毛坯尺寸 110mm×110mm×70mm（底面和四个侧面已经加工完毕），材料 Al。

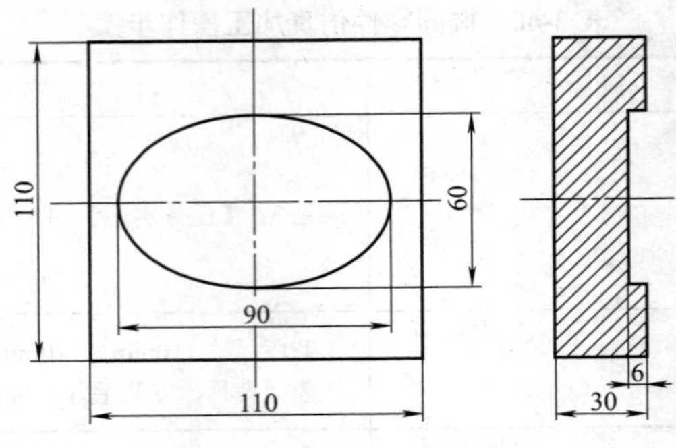

图 3-34　训练 1 零件图

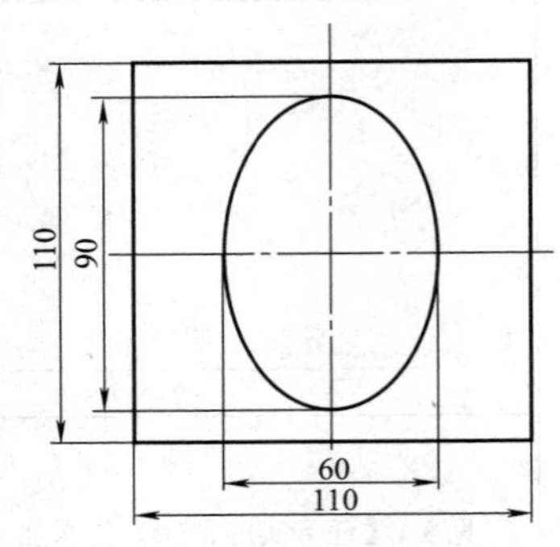

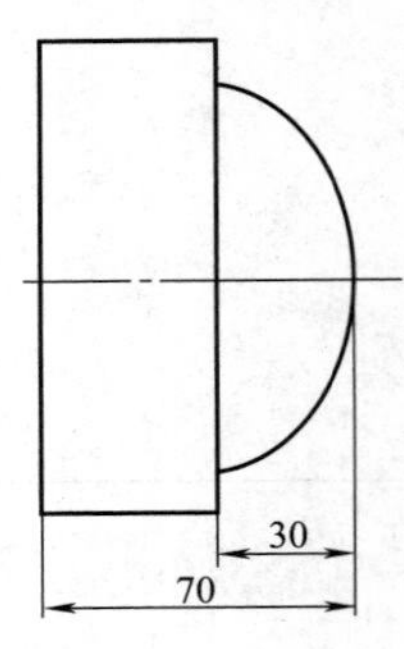

图 3-35　训练 2 零件图

附录 1　本书二维码信息库

本书二维码信息库见附表 1-1。

附表 1-1　二维码信息库

编号	信 息 名 称	信 息 简 介	二维码
M2-1	G00、G01 指令应用	该视频以阶梯轴加工为载体，介绍了 G00、G01 指令在数控加工中的应用	
M2-2	数控车床基本操作	该视频采用仿真操作的形式，介绍宇龙数控加工仿真软件的使用及数控车床基本操作，包括开机、回参考点、毛坯装夹、刀具选择等	
M2-3	外圆车刀对刀操作	该视频采用仿真操作的形式，介绍数控车床上外圆车刀对刀操作的方法与步骤	
M2-4	数控加工程序录入与运行	该视频采用仿真操作的形式，介绍数控车床上程序录入、程序运行的方法与操作步骤	
M2-5	阶梯轴仿真加工操作	该视频介绍阶梯轴仿真加工操作方法与步骤，便于学生自主学习	

续表

编号	信息名称	信息简介	二维码
M2-6	槽面、锥面零件仿真加工操作	该视频介绍槽面、锥面零件仿真加工操作方法与步骤，便于学生自主学习	
M2-7	车槽刀对刀操作	该视频采用仿真操作的形式，介绍数控车床上车槽刀对刀操作的方法与步骤	
M2-8	圆弧轴仿真加工操作	该视频介绍圆弧轴仿真加工操作方法与步骤，呈现一般圆弧表面加工的走刀路线，便于学生自主学习	
M2-9	G71 指令走刀路线	该视频介绍了 G71 指令功能、指令格式及走刀路线	
M2-10	半球轴仿真加工操作	该视频介绍圆弧轴仿真加工操作步骤，呈现 G71 指令加工复杂轮廓表面的走刀路线，便于学生自主学习	
M2-11	调头、找总长操作	该视频采用仿真操作的形式，介绍数控车床上调头件对刀操作的方法与步骤	
M2-12	G73 指令走刀路线	该视频采用动画的方式，呈现 G73 指令功能及其走刀路线	
M2-13	仿形轴仿真加工操作	该视频介绍仿形轴仿真加工操作步骤，呈现 G73 指令加工锻、铸毛坯表面的走刀路线，便于学生自主学习	
M2-14	螺纹轴仿真加工操作	该视频介绍仿形轴仿真加工操作步骤，呈现 G73 指令加工锻、铸毛坯表面的走刀路线，便于学生自主学习	

续表

编号	信息名称	信息简介	二维码
M2-15	螺纹刀对刀操作	该视频采用仿真操作的形式，介绍数控车床上螺纹刀对刀操作的方法与步骤	
M2-16	套零件仿真加工操作	该视频介绍套零件仿真加工操作步骤，呈现内孔表面加工的走刀路线，便于学生自主学习	
M2-17	车孔刀对刀操作	该视频采用仿真操作的形式，介绍数控车床上车孔刀对刀操作的方法与步骤	
M2-18	定位套仿真加工操作	该视频采用仿真操作的形式，介绍定位套仿真加工操作的方法与步骤，便于学生自主学习	
M2-19	椭圆轴仿真加工操作	该视频采用仿真操作的形式，介绍椭圆轴仿真加工操作的方法与步骤，便于学生自主学习	
M3-1	数控铣床对刀操作	该视频基于宇龙数控加工仿真软件，介绍数控铣床对刀操作的方法与步骤	
M3-2	平面铣削仿真加工操作	该视频介绍平面加工的编程和仿真加工操作步骤，包括工件安装、刀具安装、对刀操作、程序导入、尺寸检测等	
M3-3	外轮廓铣削仿真加工操作	该视频介绍外轮廓加工的编程和仿真加工操作步骤，包括工件安装、刀具安装、对刀操作、程序编写、尺寸检测等	
M3-4	内轮廓铣削仿真加工操作	该视频介绍内轮廓加工的编程和仿真加工操作步骤，包括工件安装、刀具选用、对刀操作、程序编写、尺寸检测等	

续表

编号	信息名称	信息简介	二维码
M3-5	G81 指令走刀路线	该视频呈现 G81 指令功能、指令格式及走刀路线	
M3-6	孔类零件铣削仿真加工操作	该视频采用仿真操作的形式，介绍孔类零件加工的编程和仿真加工操作步骤，以便学生参考学习	
M3-7	综合件铣削仿真加工操作	该视频采用仿真操作的形式，介绍综合件加工的编程和仿真加工步骤，以便学生参考学习	
M3-8	薄壁件铣削仿真加工操作	该视频介绍薄壁件的编程和仿真加工操作步骤，包括工件的定义、端铣刀的选用、对刀操作、程序的编写与输入、自动加工，尺寸检测等内容，以便学生参考学习	
M3-9	椭圆零件铣削仿真加工操作	该视频介绍椭圆件的编程和操作步骤，包括工件的定义、端铣刀的选用、对刀操作、宏程序的编写与输入、自动加工、尺寸检测等内容，以便学生参考学习	

附录 2　数控车床、数控铣床 G 指令

（1）数控车床 G 指令

FANUC 0i 数控车床 G 指令见附表 2-1；SIEMENS 802S 数控车床基本指令见附表 2-2，SIEMENS 802S 数控车床其他指令见附表 2-3。

附表 2-1　FANUC 0i 数控车床 G 指令

代码	分组	意　义	格　式
*G00	01	快速进给、定位	G00 X（U）__ Z（W）__；
G01		直线插补	G01 X（U）__ Z（W）__F__；
G02		顺时针圆弧插补（CW）	G02/G03 X（U）__ Z（W）__ R__ F__； G02/G03 X（U）__ Z（W）__ I __ K __ F__；
G03		逆时针圆弧插补（CCW）	
G04	00	暂停	G04 X/U/P　X、U 单位为秒，P 单位为毫秒（整数）
G17	16	*XY* 平面选择	
*G18		*ZX* 平面选择	
G19		*YZ* 平面选择	
G20	06	英制输入	
*G21		米制输入	
G30	10	回归参考点	G30 X__ Z__；
G31		由参考点回归	G31 X__ Z__；
G32	01	螺纹切削	G32 X（U）__ Z（W）__ F__；
*G40	07	刀具补偿取消	G40
G41		左半径补偿	G41 G00/G01 X（U）__ Z（W）__F__；
G42		右半径补偿	G42 G00/G01 X（U）__ Z（W）__F__；
G50	00	设定或偏移工件坐标系	设定工件坐标系：G50 X__Z__； 偏移工件坐标系：G50 U__W__；
G53	11	机械坐标系选择	G53 X__ Z__；
*G54	12	选择工作坐标系 1	GXX；
G55		选择工作坐标系 2	
G56		选择工作坐标系 3	
G57		选择工作坐标系 4	
G58		选择工作坐标系 5	
G59		选择工作坐标系 6	
G70	00	精加工循环	G70 P（n_s）Q（n_f）；
G71		外圆粗车循环	G71 U（Δd）R（e）； G71 P（n_s）Q（n_f）U（Δu）W（Δw）F（f）；

续表

代码	分组	意　义	格　式
G72	00	端面粗切削循环	G72 W（Δd）R（e）; G72 P（n_s）Q（n_f）U（Δu）W（Δw）F（f）; Δd——切深量 e——退刀量 n_s——精加工形状的程序段组的第一个程序段顺序号 n_f——精加工形状的程序段组的最后程序段的顺序号 Δu——X 方向精加工余量的距离及方向 Δw——Z 方向精加工余量的距离及方向
G73		封闭切削循环	G73 U（i）W（Δk）R（d）; G73 P（n_s）Q（n_f）U（Δu）W（Δw）F（f）;
G74		端面切断循环	G74 R（e）; G74 X（U）__ Z（W）__ P（Δi）Q（Δk）R（Δd）F（f）; e——返回量 Δi——X 方向的移动量 Δk——Z 方向的切深量 Δd——孔底的退刀量 f——进给速度
G75		内径 / 外径切断循环	G75 R（e）; G75 X（U）__ Z（W）__ P（Δi）Q（Δk）R（Δd）F（f）;
G76		复合螺纹切削循环	G76 P（m）（r）（α）Q（Δd_{min}）R（d）; G76 X（U）__ Z（W）__ R（i）P（k）Q（Δd）F（L）; m——最终精加工重复次数为 1 ～ 99 r——螺纹的精加工量（倒角量） α——刀尖的角度（螺牙的角度）可选择 80、60、55、32、31、0 6 个种类 m，r，α——用地址 P 一次指定 Δd_{min}——最小切深度 i——螺纹部分的半径差 k——螺牙的高度 Δd——第一次的切深量 L——螺纹导程
G90	01	轴向车削循环加工	G90 X（U）__ Z（W）__ F__; G90 X（U）__ Z（W）__ R__ F__;
G92		螺纹车削循环	G92 X（U）__ Z（W）__ F__; G92 X（U）__ Z（W）__ R__ F__;
G94		端面车削循环	G94 X（U）__ Z（W）__ F__; G94 X（U）__ Z（W）__ R__ F__;
G96	02	主轴恒线速度控制	
*G97		取消主轴恒线速度控制	
G98	05	每分钟进给速度	
G99		每转进给速度	

注：1. 表内 00 组为非模态指令，其他组为模态指令。

2. 标有 * 的 G 代码为数控系统通电启动后的默认状态。

附表 2-2　SIEMENS 802S 数控车床基本指令

代码	分组	意　　义	格　　式
G0	1	快速线性移动（笛卡儿坐标）	G0 X__ Z__
G1*		带进给率的线性插补（笛卡儿坐标）	G1 X__ Z__ F__
G2		顺时针圆弧（笛卡儿坐标，终点 + 圆心）	G2 X__ Z__ I__K__ F__
		顺时针圆弧（笛卡儿坐标，终点 + 半径）	G2 X__ Z__CR=__ F__
		顺时针圆弧（笛卡儿坐标，圆心 + 圆心角）	G2 AR=__ I__ K__ F__
		顺时针圆弧（笛卡儿坐标，终点 + 圆心角）	G2 AR=__ X__ Z__ F__
G3		逆时针圆弧（笛卡儿坐标，终点 + 圆心）	G3 X__ Z__ I__ K__ F__
		逆时针圆弧（笛卡儿坐标，终点 + 半径）	G3 X__ Z__ CR=__ F__
		逆时针圆弧（笛卡儿坐标，圆心 + 圆心角）	G3 AR=__ I__ K__ F__
		逆时针圆弧（笛卡儿坐标，终点 + 圆心角）	G3 AR=__ X__ Z__ F__
G5		通过中间点进行圆弧插补	G5 Z__ X__ KZ__ IX__
G33		加工恒螺距螺纹	G33 Z__ K__（圆柱螺纹）
			G33 Z__ X__ K__（锥角小于 45°的锥螺纹）
			G33 Z__ X__ I__（锥角大于 45°的锥螺纹）
			G33 X__ I__（端面螺纹）
			G33 Z__ K__ SF=__ G33 Z__ X__ K__ SF=__ G33 Z__ X__ K__ SF=__ 多段连续螺纹，SF= 起始点偏移值
G4	2	暂停，通过在两个程序段之间插入一个 G4 程序段，可以使加工中断给定的时间	G4 F__（暂停时间，s） G4 S__（暂停主轴转速）
G17*	6	指定 *XY* 平面	G17
G18		指定 *ZX* 平面	G18
G19		指定 *YZ* 平面	G19
G25	3	主轴运动的极限值范围	G25 S__（主轴转速下限）
G26			G26 S__（主轴转速上限）
G90*	14	绝对尺寸	G90
G91		增量尺寸	G91
G70	13	英制单位输入	G70
G71*		公制单位输入	G71
G53	9	取消可设定零点偏移（程序段方式有效）	G53
G500*	8	取消可设定零点偏移（模态有效）	G500
G54		第一可设定零点偏移值	G54
G55		第二可设定零点偏移值	G55
G56		第三可设定零点偏移值	G56
G57		第四可设定零点偏移值	G57
G94*	15	进给率	F 单位为 mm/min
G95		主轴进给率	F 单位为 mm/r
G158	3	可编程零点偏移	G158（取代先前的可编程零点偏移）
G40*	7	取消刀尖半径补偿	G40 G0/G1 X__ Z__ F__
G41		左侧刀尖半径补偿	G41 G0/G1 X__ Z__ F__
G42		右侧刀尖半径补偿	G42 G0/G1 X__ Z__ F__

注：加“*”号功能程序启动时生效。

附表 2-3 SIEMENS 802S 数控车床其他指令

代码	意 义	格 式
LCYC93	切槽循环	R100 R101 R105 R106 R107 R108 R114 R115 R116 R117 R118 R119 LCYC93 R100：横向坐标轴起始点 R101：纵向坐标轴起始点 R105：加工类型（1 ～ 8） R106：精加工余量，无符号 R107：刀具宽度，无符号 R108：切入深度，无符号 R114：槽宽，无符号 R115：槽深，无符号 R116：角，无符号（0° ～ 83.999°） R117：槽沿倒角 R118：槽底倒角 R119：槽底停留时间
CYC94	凹凸切削循环	R100 R101 R105 R107 LCYC94 R105：形状定义（值 55 为形状 E；值 56 为形状 F） R107：刀具的刀尖位置定义（值 1 ～ 4 对应于位置 1 ～ 4） 其余参数意义同 LCYC93
LCYC95	毛坯切削循环	R105 R106 R108 R109 R110 R111 R112 LCYC95 R105：加工类型（1 ～ 12） R106：精加工余量，无符号 R108：切入深度，无符号 R109：粗加工切入角 R110：粗加工时的退刀量 R111：粗切进给率 R112：精切进给率
LCYC97	螺纹切削	R100 R101 R102 R103 R104 R105 R106 R109 R110 R111 R112 R113 R114 LCYC97 R100：螺纹起始点直径 R101：纵向轴螺纹起始点 R102：螺纹终点直径 R103：纵向轴螺纹终点 R104：螺纹导程值，无符号 R105：加工类型（1，2） R106：精加工余量，无符号 R109：空刀导入量，无符号 R110：空刀退出量，无符号 R111：螺纹深度，无符号 R112：起始点偏移，无符号 R113：粗切削次数，无符号 R114：螺纹头数，无符号

（2）数控铣床 G 指令

FANUC 0i 数控铣床 G 指令见附表 2-4；SIEMENS 802D 数控铣床 G 指令见附表 2-5，SIEMENS 802D 数控铣车床其他指令见附表 2-6。

附表 2-4　FANUC 0i 数控铣床 G 指令

代码	分组	意　　义	格　　式
G00	01	快速点定位	G00 X__ Y__ Z__；
G01		直线插补	G01 X__Y__ Z__ F__；
G02		顺时针圆弧插补（CW）	G17 G02/G03 X__ Y__ R__（I__ J__）F__； G18 G02/G03 X__Z__ R__（I__K__）F__； G19 G02/G03 Y__ Z__ R__（J __K__）F__；
G03		逆时针圆弧插补（CCW）	
G04	00	暂停（ms,s）	G04 P__（ X__ U__ ）；
G17	02	G17 选择 *XY* 平面	G17； G18； G19；
G18		选择 *XZ* 平面	
G19		选择 *YZ* 平面	
G20	06	英制输入	G20；
G21		米制输入	G21；
G27	00	返回参考点检测	
G28		返回参考点	G28 X__Y__Z__；
G29		由参考点返回	G29 X__ Y__ Z__；
G30		返回第二参考点	G91 G30 Z__；
G40	07	取消刀具半径补偿	G40；
G41		刀具半径左补偿	G41 G00/G01 X__ Y__ D__ F__；
G42		刀具半径右补偿	G42 G00/G01 X__ Y__ D__ F__；
G43	08	刀具长度补偿 +	G43 G00/G01 Z__H__ F__；
G44		刀具长度补偿 −	G44 G00/G01 Z__H__ F__；
G49		取消刀具长度补偿	G49 G00/G01 Z__ F__；
G52	00	局部坐标系设定	G52 G00 X__ Y__ Z__；
G53		机床坐标系选择	G53；
G54	12	选择工作坐标系 1	G54；
G55		选择工作坐标系 2	G55；
G56		选择工作坐标系 3	G56；
G57		选择工作坐标系 4	G57；
G58		选择工作坐标系 5	G58；
G59		选择工作坐标系 6	G59；
G60	00	单一方向定位	G60；
G61	13	准确定位方式	G61；
G64		切削方式	G64；
G73	09	深孔钻削固定循环	G73 X__Y__Z__R__Q__F__；

续表

代码	分组	意　　义	格　　式
G74		攻左螺纹固定循环	G74 X__ Y__ Z__ R__ P__ F__;
G76		精镗孔固定循环	G76 X__ Y__ Z__ R__ P__ Q__ F__;
G80		固定循环取消	G80;
G81		中心孔钻削固定循环	G81 X__ Y__ Z__ R__ F__;
G82		锪孔钻削固定循环	G82 X__ Y__ Z__ R__ P__ F__;
G83		深孔钻削固定循环	G83 X__ Y__ Z__ R__ Q__ K__ F__;
G84	09	攻右螺纹固定循环	G84 X__ Y__ Z__ R__ F__;
G85		镗孔固定循环	G85 X__ Y__ Z__ R__ F__;
G86		镗孔固定循环快返	G86 X__ Y__ Z__ R__ F__;
G87		反镗孔固定循环	G87 X__ Y__ Z__ R__ F__;
G88		镗孔固定循环	G88 X__ Y__ Z__ R__ P__ F__;
G89		精镗阶梯孔固定循环	G89 X__ Y__ Z__ R__ P__ F__;
G90	03	绝对方式指定	G90;
G91		增量方式指定	G91;
G92	00	工件坐标系设定	G92 X__ Y__ Z__;
G94	05	每分钟进给	G94;
G95		每转进给	G95;
G98	10	返回固定循环始点	G98;
G99		返回固定循环 *R* 点	G99;

附表 2-5　SIEMENS 802D 数控铣床 G 指令

代码	分组	意　　义	格　　式
G0		快速插补	G0 X… Y… Z…
G1		直线插补	G1 X… Y… Z…
G2		顺时针圆弧（终点 + 圆心）	G2 X… Y… Z… I… J… K…
		顺时针圆弧（终点 + 半径）	G2 X… Y… Z… CR=…
		顺时针圆弧（圆心 + 圆心角）	G2 AR=… I… J… K…
	1	顺时针圆弧（终点 + 圆心角）	G2 AR=… X… Y… Z…
G3		逆时针圆弧（终点 + 圆心）	G3 X… Y… Z… I… J… K…
		逆时针圆弧（终点 + 半径）	G3 X… Y… Z… CR=…
		逆时针圆弧（圆心 + 圆心角）	G3 AR=… I… J… K…
		逆时针圆弧（终点 + 圆心角）	G3 AR=… X… Y… Z…
CIP		圆弧插补（三点圆弧）	CIP X… Y… Z… I1=… J1=… K1=…
G17*		指定 *XY* 平面	G17
G18	6	指定 *ZY* 平面	G18
G19		指定 *YZ* 平面	G19

续表

代码	分组	意　　义	格　　式
G90*	14	绝对量编程	G90
G91		增量编程	G91
G70	13	英制单位输入	G70
G71*		公制单位输入	G71
G53	9	取消工件坐标设定	G53
G54	8	工件坐标	G54
G55		工件坐标	G55
G56		工件坐标	G56
G57		工件坐标	G57
G74	2	回参考点（原点）	G74 X1=… Y1=…
G40*	7	取消刀补	G40
G41		左侧刀补	G41
G42		右侧刀补	G42
NORM*	17	设置刀补开始和结束为正常方法	
KONT		设置刀补开始和结束为其他方法	
G450*	18	刀补时拐角走圆角	G450 DISC=…
G451		刀补时到交点时再拐角	

附表 2-6　SIEMENS 802D 数控铣床其他指令

指令	意　　义	格　　式
MCALL	调用子程序	
CYCLE81	中心钻孔固定循环	CYCLE81（RTP,RFP,SDIS,DP,DPR） RTP：回退平面（绝对坐标） RFP：参考平面（绝对坐标） SDIS：安全距离 DP：最终孔深（绝对坐标） DRP：相对于参考平面的最终钻孔深度
CYCLE82	平底扩孔固定循环	CYCLE82（RTP,RSP,SDIS,DP,DPR,DTB） DTB：在最终深度处停留的时间 其余参数的意义同 CYCLE81
CYCLE83	深孔钻削固定循环	CYCLE83（RTP,RFP,SDIS,DP,DPR,FDEP,FDPR,DAM,DTB,DPS,FRF,VART,__AXN,__MDEP,__VRT,__DTD,__DISI,__） FDEP：首钻深度（绝对坐标） FDPR：首钻相对于参考平面的深度 DAM：递减量（>0，按参数值递减；<0，递减速率；=0，不做递减） DTB：在此深度停留的时间（>0，停留秒数；<0，停留转数） DTS：在起点和排屑时的停留时间（>0，停留秒数；<0，停留转数） FRF：首钻进给率 VARI：加工方式（0，切削；1，排屑） __ AXN：工具坐标轴（1 表示第一坐标轴；2 表示第二坐标轴；其他的表示第三坐标轴） __MDEP：最小钻孔深度 __VRT：可变的切削回退距离（>0，回退距离；0 表示设置为 1mm）

续表

指令	意　义	格　式
CYCLE83	深孔钻削固定循环	_DTD：在最终深度处的停留时间（>0，停留秒数；<0，停留转数；=0，停留时间同 DTB） _DISI：可编程的重新插入孔中的极限距离 其余参数的意义同 CYCLE81
CYCLE84	攻螺纹固定循环	CYCLE84（RTP,RFP,SDIS,DP,DPR,DTB,SDAC,MPIT,PIT,POSS,SST,SST1） SDAC：循环结束后的旋转方向（可取值为：3，4，5） MPIT：螺纹尺寸的斜度 PIT：斜度值 POSS：循环结束时，主轴所在的位置 SST：攻螺纹速度 SST1：回退速度 其余参数的意义同 CYCLE81
CYCLE85	镗孔循环 1	CYCLE85（RTP,RFP,SDIS,DP,DPR,DTB,FFR,RFF） FER：进给速率 RFF：回退速率 其余参数的意义同 CYCLE81
CYCLE86	镗孔循环 2	CYCLE86（RTP,REP,SDIS,DP,DPR,DTB,SDIR,RPA,RPO,RPAP,POSS） DTB：在最终孔深处的停留时间 SDIR：旋转方向（可取值为 3，4） RPA：在活动平面上横坐标的回退方式 RPO：在活动平面上纵坐标的回退方式 RPAP：在活动平面上钻孔的轴的回退方式 POSS：循环停止时主轴的位置 其余参数的意义同 CYCLE81
CYCLE87	镗孔循环 3	CYCLE87（RTP,RFP,SDIS,DP,DPR,SDIR） 参数意义同 CYCLE86
CYCLE88	镗孔循环 4	CYCLE88（RTP,RFP,SDIS,DP,DPR,DTB,SDIR） DTB：在最终孔深处的停留时间 SDIR：旋转方向（可取值为 3，4） 其余参数的意义同 CYCLE81
CYCLE89	镗孔循环 5	CYCLE89（RTP,RFP,SDIS,DP,DPR,DTB） DTB：在最终孔深处的停留时间 其余参数的意义同 CYCLE81
CYCLE93	切槽循环	CYCLE93（SPD,SPL,WIDG,DIAG,STA1,ANG1,ANG2,RCO1,RCO2,RCI1,RCI2,FAL2,IDEP,DTB,VARI）
CYCLE95	毛坯切削循环	CYCLE95（NPP,MID,FALZ,FALX,FAL,FF1,FF2,FF3,VARI,DT,DAM,—VAR）

附录 3　数控车床、数控铣床操作

附录 3.1　SIEMENS 802S 数控车床仿真操作

（1）进入数控加工仿真系统

依次单击“开始”→“程序”→“数控加工仿真系统”→“加密锁管理程序”菜单项，如附图 3-1 所示，则屏幕右下方工具栏中将出现“☎”图标；依次单击“开始”→“程序”→“数控加工仿真系统”→“数控加工仿真系统”菜单项，系统弹出“用户登录”对话框，单击“快速登录”按钮，则进入仿真系统的操作界面。

（2）选择数控车床

单击菜单栏中的“机床”→“选择机床…”选项，在“选择机床”对话框中选择控制系统类型和相应的机床，如附图 3-2 所示，单击“确定”按钮，则显示所选数控车床。

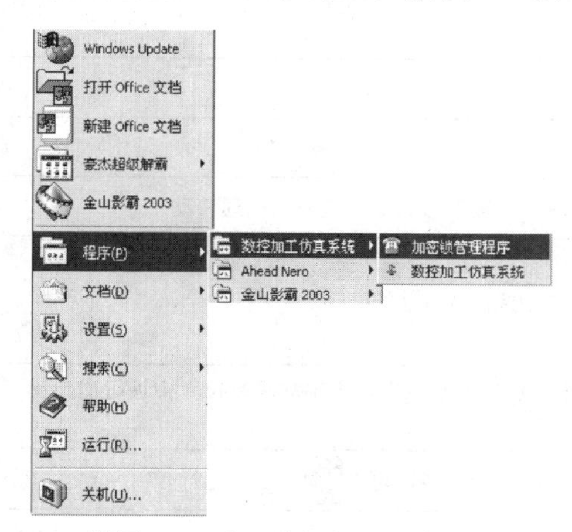

附图 3-1　进入数控加工仿真系统

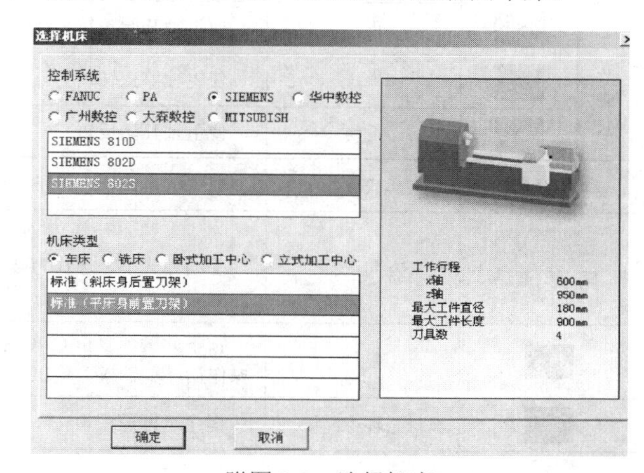

附图 3-2　选择机床

（3）认识数控车床操作面板

SIEMENS 802S 数控车床操作面板如附图 3-3 所示，它主要由机床控制面板和系统操作面板两部分组成。

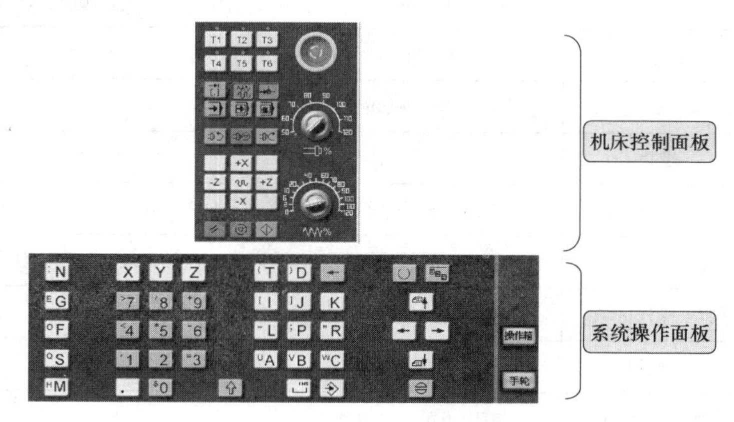

附图 3-3　数控车床操作面板的组成

SIEMENS 802S 数控车床操作面板各按键功能说明见附表 3-1。

附表 3-1　SIEMENS 802S 数控车床操作面板各按键功能说明

按键	名称	功能说明
	急停	按下该按钮，机床移动立即停止，所有的输出都会关闭，如主轴转动等
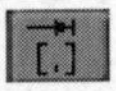	点动	在单步或手轮方式下，用于选择移动距离
	手动	进入手动方式，结合方向选择键，使刀架移动
	回零	进入回零模式，结合方向选择键，使刀架回到机床参考点
	自动	进入自动加工模式
	单段	单程序段执行模式，运行程序时每次执行一个程序段
	手动数据输入	进入 MDA 模式，可通过操作面板输入程序段，并执行，但不能存储该程序段
主轴 	正转	使主轴开始正转
主轴 	停止	使主轴停止转动
主轴 	反转	使主轴开始反转
	快速	在手动方式下，按下此键后，再按下移动键可使刀架快速移动
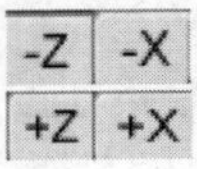 -Z -X +Z +X	方向选择	手动方式下，选择刀架沿 Z 轴或沿 X 轴方向的移动
	复位	按下此键，复位 CNC 系统，包括取消报警、主轴故障复位、中途退出自动操作循环和输入、输出过程等
	循环保持	程序运行过程中按下此键，则运行暂停，再按键恢复运行
	运行开始	程序运行开始
	主轴倍率修调	通过单击鼠标的左键或右键来调节主轴倍率
	进给倍率修调	调节数控程序自动运行时的进给速度倍率，调节范围为 0 ～ 120%。单击鼠标左键，旋钮逆时针转动；单击鼠标右键，旋钮顺时针转动
	报警应答	报警信息提示
	上档键	对键上的两种功能进行转换
 INS	空格	
	删除	自右向左删除字符
	回车 / 输入	接受一个编辑值；打开、关闭一个文件目录；打开文件
 M	加工操作区域	进入机床操作区域
	区域转换	回到主界面
	选择转换键	一般用于单选、多选框

（4）开机操作

按下“急停”按钮，将其松开；再按操作面板上的“复位”键，使其右上角的报警信息 003000 消失，完成开机操作。

（5）回参考点操作

依次按下“手动”键→“回零”键，使机床进入回零模式，CRT 界面的状态栏上将显示“手动 REF”。

X 轴回零：按“方向选择”键 +X，直到 X 轴回零灯亮，如附图 3-4（a）所示。

Z 轴回零：按“方向选择”键 +Z，直到 Z 轴回零灯亮。

主轴回零：按“主轴正转”键或“主轴反转”键，使主轴回零，如附图 3-4（b）所示。

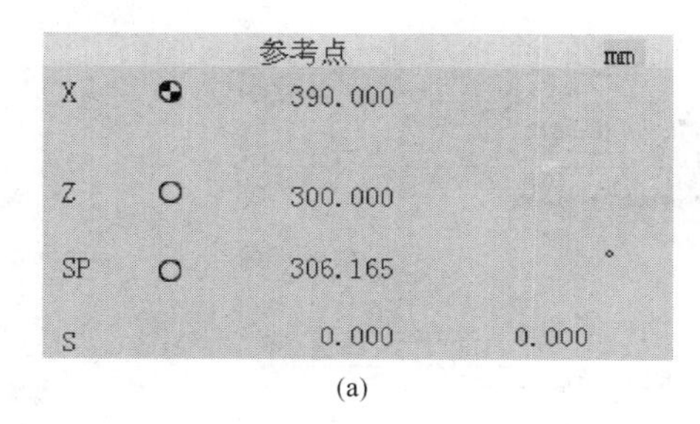

(a)

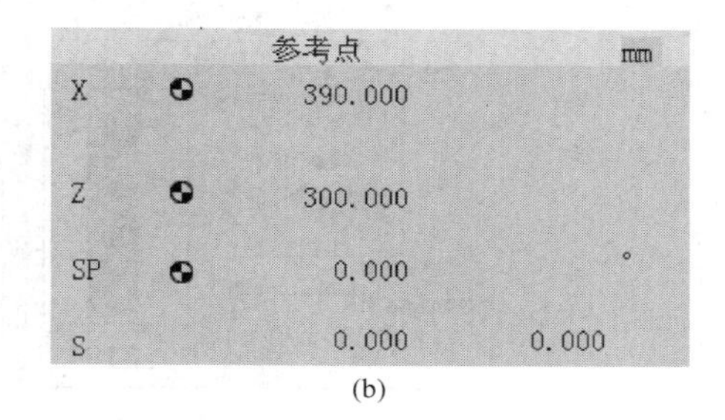

(b)

附图 3-4　机床回参考点显示

注意：在坐标轴回零的过程中，未到达零点时松开按钮，则机床不再运动，同时出现警告框 020005。此时需再按“复位”键，警告被取消，此时可继续进行回零操作。

（6）毛坯选择与安装

依次单击菜单栏中的“零件”→“定义毛坯”选项，弹出“定义毛坯”对话框，根据加工要求选择内容，单击“确定”按钮，如附图 3-5 所示。

依次单击菜单栏中“零件”→“放置零件”选项，弹出“选择零件”对话框，单击列表中所选的零件，单击“安装零件”按钮，如附图 3-6（a）所示；在弹出的键盘中通过方向按钮，移动零件或调头，如附图 3-6（b）所示。

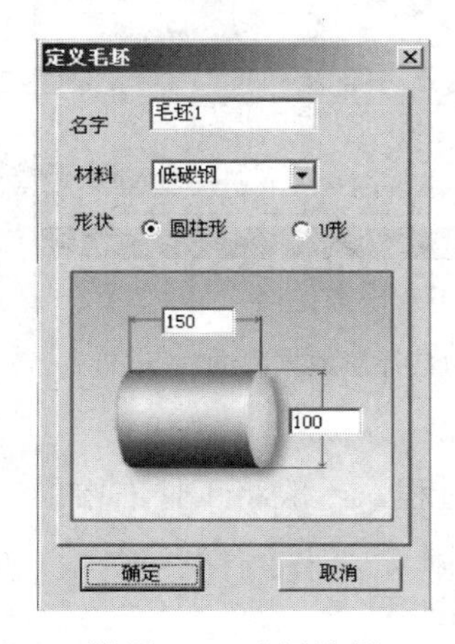

附图 3-5　毛坯选择

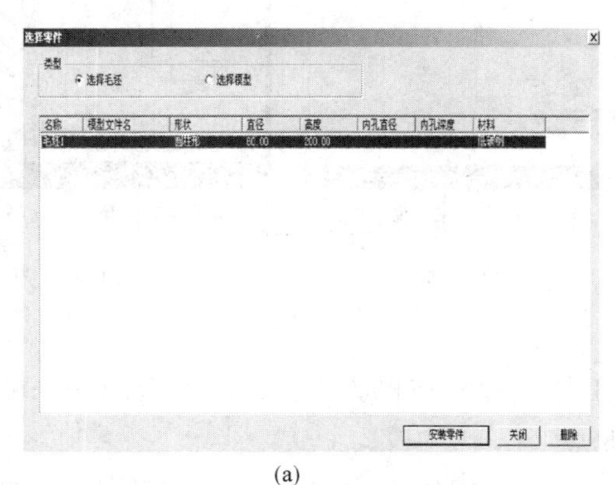

(a)

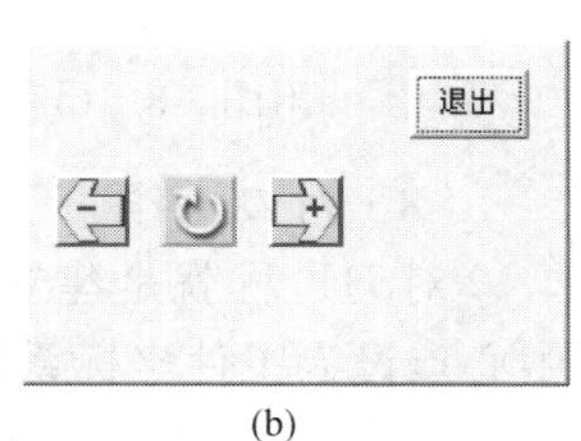

(b)

附图 3-6　毛坯安装

（7）刀具选择与信息输入

① 刀具选择。依次单击菜单栏中的“机床”→“选择刀具”选项，弹出“刀具选择”对话框，根据加工需要选择刀片刀柄，变更“刀具长度”和“刀尖半径”值，单击“确定”按钮，如附图 3-7 所示。

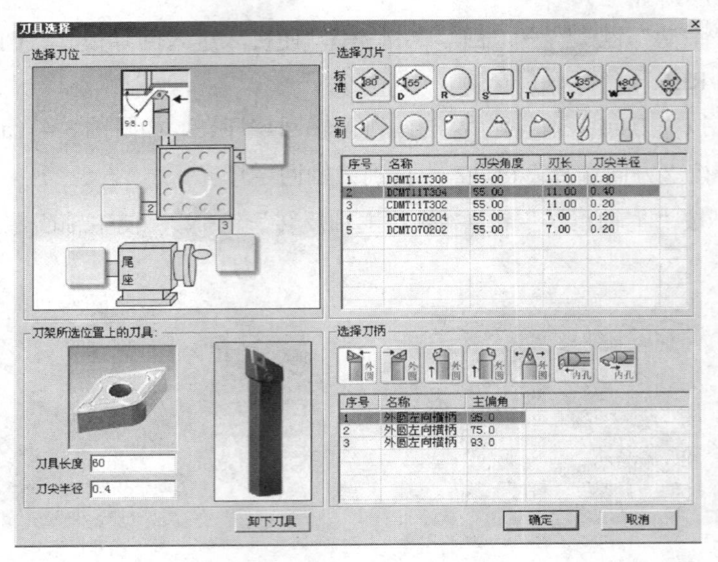

附图 3-7　刀具选择

② 刀具信息输入。按“区域转换”键，依次按软键 参数 → 刀具补偿，按“扩展”键 >，按软键 新刀具，进入“已有刀具表界面”，如附图 3-8 所示，输入新刀具信息，按软键 确认；在“刀具补偿数据”界面中输入刀尖圆角半径，并将光标移动到“刀沿位置码”，按“选择转换”键，可以选择 1 ～ 9 的刀沿位置码，如附图 3-9 所示。

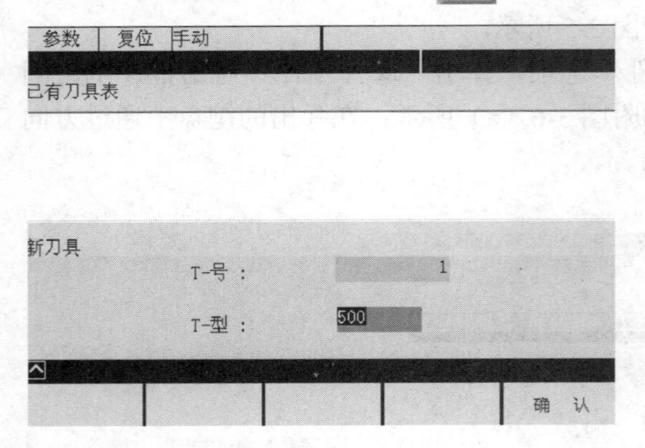

附图 3-8　已有刀具表界面

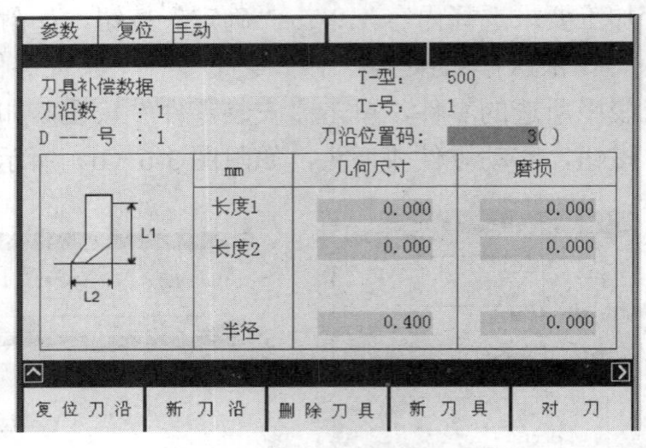

附图 3-9　刀具补偿数据界面

（8）对刀操作

对刀过程就是建立工件坐标系与机床坐标系之间对应关系的过程，一般将工件右端面中心点设为工件坐标系原点。

① 单把刀具对刀操作。G54 中 *X* 方向的零偏位置设定操作步骤如下。

a. 按“区域转换”键，依次按软键 参数 → 零点偏移 → 测量，弹出“选择刀具”对话框，输入当前刀具号（此例为“1”），如附图3-10所示，按软键 确 认 ，进入“零点偏移测定”界面，如附图3-11所示。

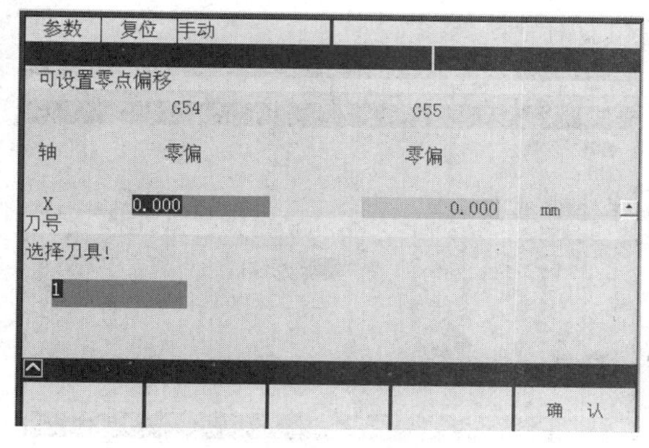

附图3-10 “刀号”对话框

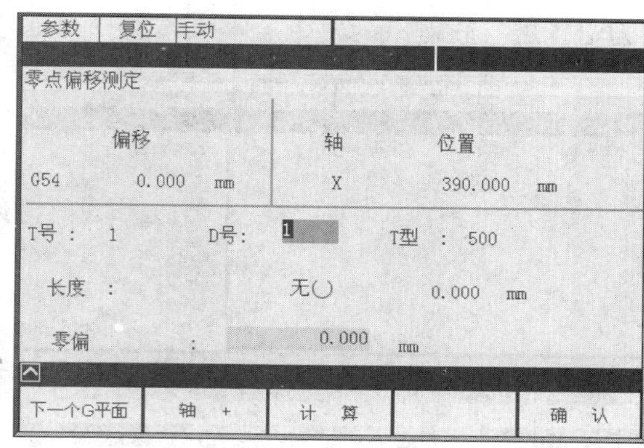

附图3-11 零点偏移测定界面

b. 依次按“手动”键→“主轴正转”键，使主轴正转，用所选刀具试切工件外圆，将刀具退至工件外部，按“主轴停止”键，停止主轴转动。

注意：车外圆时沿*Z*轴进刀、退刀，在此过程中不得有*X*方向的移动。

c. 测量所车直径值，记为X_1；在“零点偏移测定”界面中，将“$-X_1$”填写到对应的文本框中，按“回车”键，如附图3-12所示，依次按软键 计 算 → 确 认 ，完成G54中*X*方向的零偏位置设定。

G54中*Z*方向的零偏位置设定操作步骤如下。

a. 主轴正转，用所选刀具平端面，退刀，注意在此过程中*Z*方向不得移动。

b. 在“零点偏移测定”界面中，在对应的文本框中输入“0”，按“回车”键，如附图3-13所示，依次按软键 计 算 → 确 认 ，完成G54中*Z*方向的零偏位置设定。

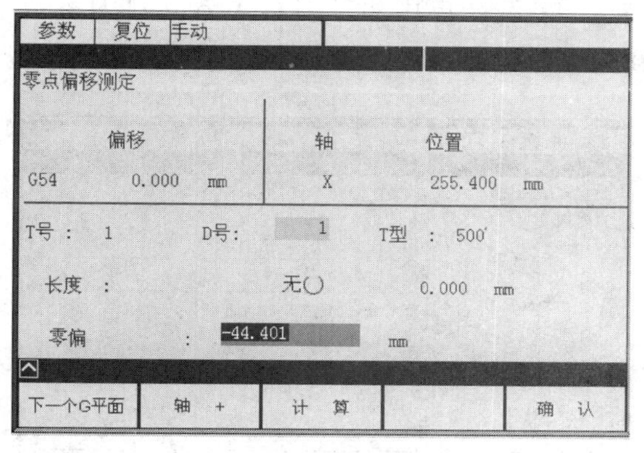

附图3-12 G54中*X*的零偏位置测定界面

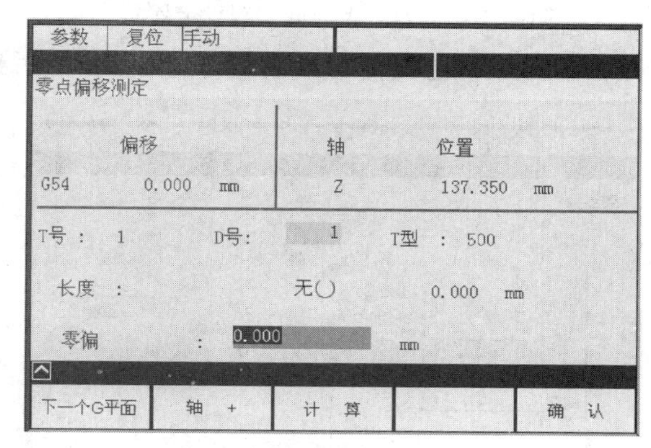

附图3-13 G54 *Z*方向零偏测定界面

② 多把刀对刀操作。下面以2号刀为例，说明多把刀对刀操作过程。

对刀前要完成调刀操作：按“区域转换”键M，按“手动数据输入”键，进入MDA方式，在如附图3-14所示界面中输入刀具号“T2D1”，按“回车”键，按“运行开始”键，完成调刀操作。

进入“刀具补偿数据”界面：按“区域转换”键，依次按软键 参 数 → 刀具补偿，进入“刀具补偿数据”界面，如附图 3-15 所示，通过“刀具扩展”软键 <<T | T>>、“刀沿扩展”软键 <<D | D>>，选择刀具号和刀沿号。

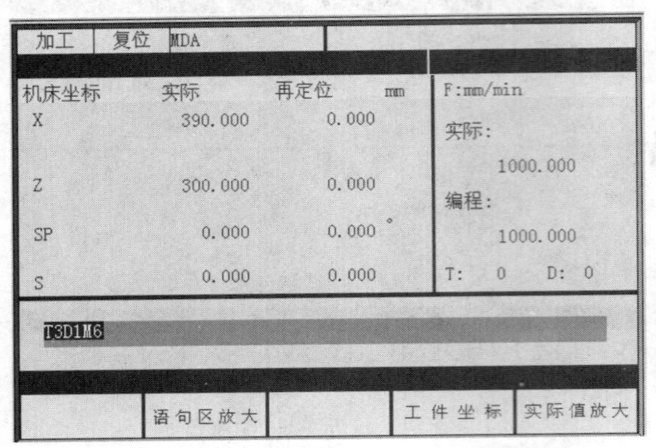

附图 3-14 MDA 程序输入界面

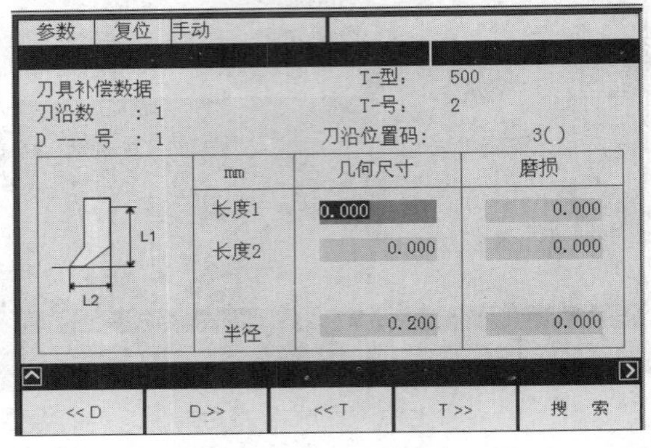

附图 3-15 刀具补偿数据界面

X 方向对刀操作步骤如下。

a. 依次按软键 > → 对 刀，进入刀具偏置设定界面，如附图 3-16 所示，可通过软键 轴 + 选择 *X* 方向刀偏设定界面。

b. 使主轴正传，车外圆，注意 *Z* 方向切入和切出，*X* 方向不得有移动，停止主轴转动。

c. 测量所车直径值，记为 X_2，将 X_2 填写到 2 号刀具刀偏设定界面的对应文本框中，如附图 3-17 所示，依次按 → 计 算 → 确 认 键；再用 2 号刀具 *X* 方向对刀参数减去 G54 中 *X* 方向对刀参数，其结果重新填写到 2 号刀具 *X* 方向刀偏中，如附图 3-18 所示。

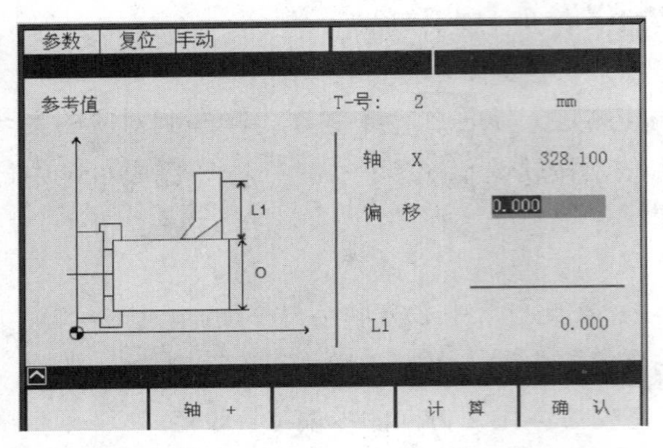

附图 3-16 刀具 *X* 方向偏置设定界面

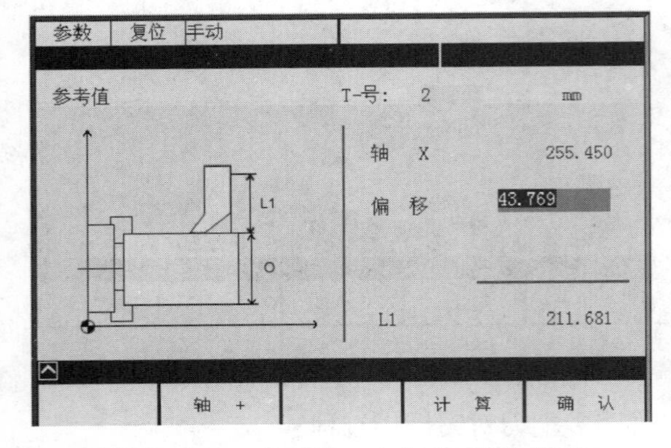

附图 3-17 2 号刀具 *X* 方向对刀操作界面

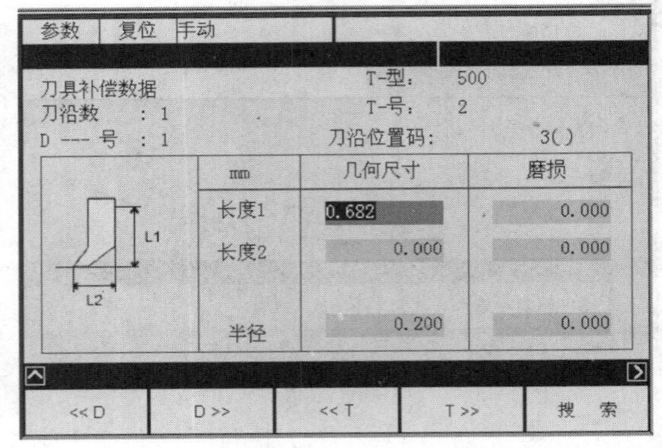

附图 3-18 2 号刀具 *X* 方向刀具补偿参数界面

Z 方向对刀操作步骤如下。

a. 使主轴正传，车端面，*X* 方向切入工件，*X* 方向切出，此时 *Z* 方向不得有移动，停止主轴转动。

b. 将光标移至“长度 2”，依次按软键 > → 对刀 ，进入刀具偏置设定界面（或通过软键 轴 + 选择 Z 方向刀偏设置界面），如附图 3-19 所示。

c. 测量刀具当前所在位置距离工件坐标原点 Z 方向的距离，记为 Z_2，将“$-Z_2$”填写到 2 号刀具刀偏设定界面的对应文本框中，按软键 ；将光标移至 G 500 ，输入“54”，依次按软键 计算 → 确认 ，如附图 3-20 所示。

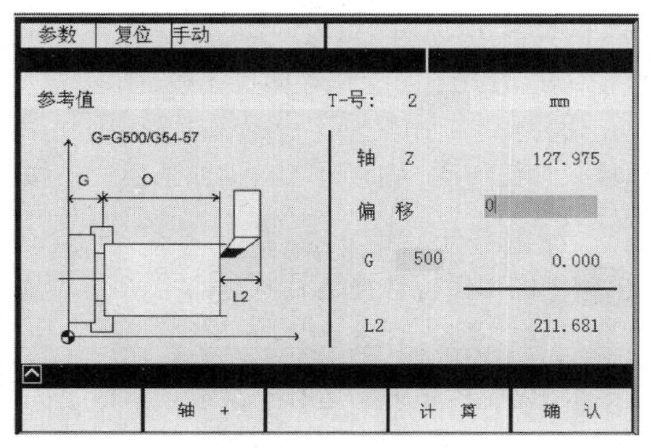

附图 3-19 2 号刀具 Z 方向对刀操作界面

附图 3-20 2 号刀具 Z 方向刀具补偿参数界面

（9）数控程序处理

① 新建数控程序。依次按 → 程序 → > → 新程序键，在弹出的对话框中输入程序名，按软键 确认 ，生成一个新的数控程序，进入程序编辑界面。

注意：数控程序名要以 2 个英文字母开头，或以字母 L 开头，或跟不大于 7 位的数字。

② 打开、删除、重命名、拷贝数控程序。按“区域转换”键 ，按软键 程序 ，用“方位”键 、 选择目标程序，如附图 3-21 所示。

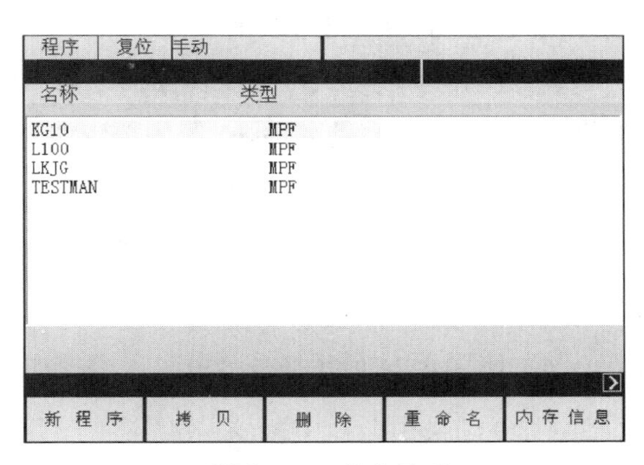

附图 3-21 程序界面

按软键 打开 ，程序被打开，可以用于编辑；按软键 删除 ，则当前光标所在的数控程序被删除；按软键 重命名 ，在弹出的“改换程序名”对话框中输入新的程序名，按软键 确认 ，可以重命名数控程序；按软键 拷贝 ，在弹出的“复制”对话框中输入要复制的文件名，按软键 确认 ，可以复制数控程序，如附图 3-22、附图 3-23 所示。

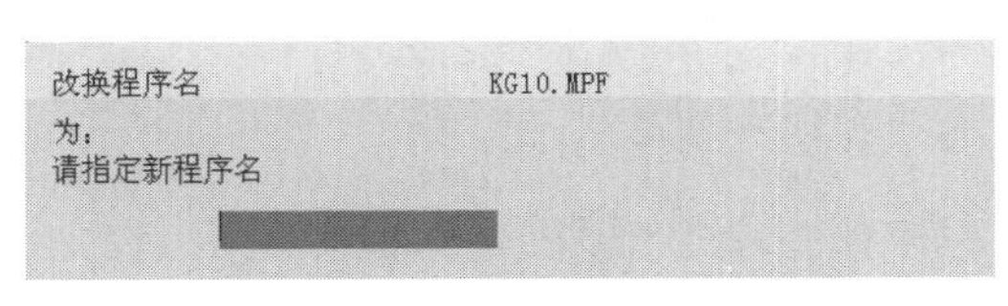

附图 3-22 重命名对话框

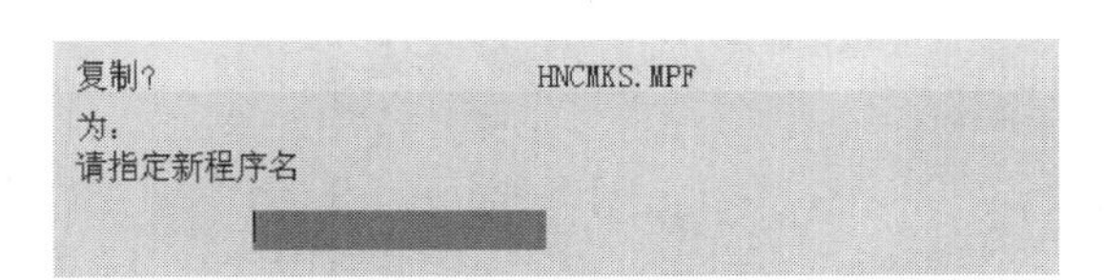

附图 3-23 复制对话框

③ 编辑数控程序。按“区域转换”键，按软键程 序，用“方位”键、选择要编辑的程序，按软键打 开，进入编辑状态。此时可编辑程序、插入字符、删除字符、块操作、插入固定循环等。

注意：界面右侧为可设定的参数栏，按系统面板上的方位键和，使光标在各参数栏中移动，输入参数后，按键确认。

（10）MDA 模式

按操作面板上的“手动数据输入”键，机床进入 MDA 模式，通过系统面板输入程序段，按“运行开始”键，执行该程序段。注意：该方式下，无法存储程序段。

（11）自动加工

① 自动 / 连续方式。按操作面板上的“自动模式”键，机床进入自动加工模式；按软键选 择，程序被选中；按“运行开始”键。

数控程序在运行过程中，按“循环保持”键，机床保持暂停运行状态。再次按“运行开始”键，程序从暂停行开始继续运行。

数控程序在运行过程中，按下“急停”按钮，数控程序中断运行。继续运行时，先将急停按钮松开，再按“运行开始”键，但余下程序从中断行开始作为独立程序执行。

注意：在自动加工时，如果按键切换机床进入手动模式，将出现警告框 016913，按系统面板上的键可取消警告，继续操作。

② 自动 / 单段方式。按操作面板上的“自动模式”键，按软键选 择，选择要加工的程序，再按“单段”键，则每按一次“运行开始”键，数控程序执行一行。

注意：数控程序执行后，通过按操作面板上的“复位”键，可回到程序开头。

附录 3.2 SIEMENS 802D 数控铣床操作

（1）进入数控加工仿真系统

按如附图 3-24 所示操作步骤进入数控加工仿真系统。

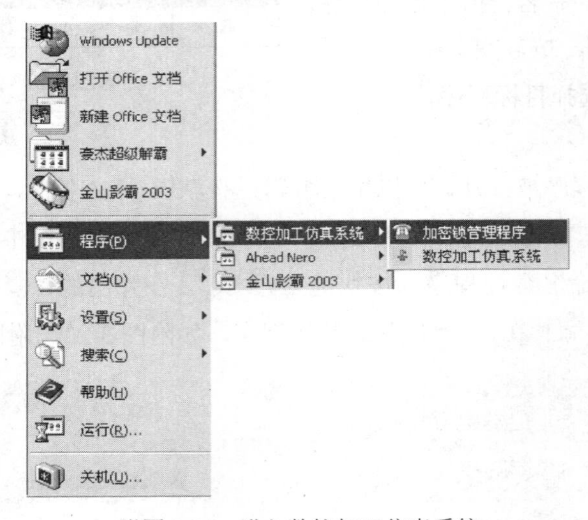

附图 3-24 进入数控加工仿真系统

（2）选择机床

按如附图 3-25 所示操作步骤选择 SIEMENS 802D 数控铣床 / 加工中心。

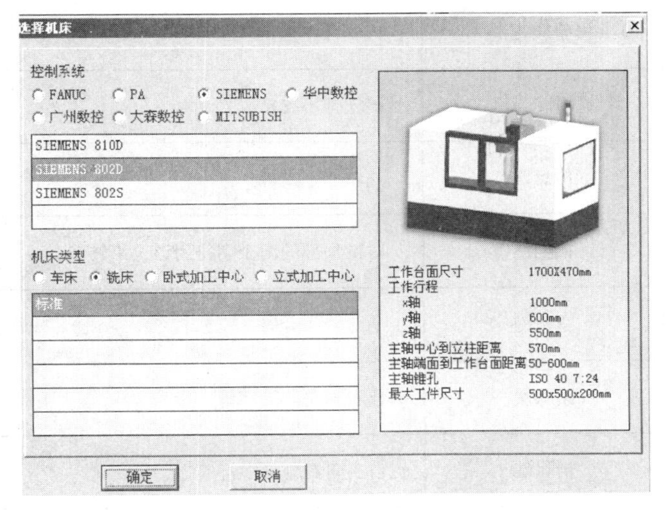

附图 3-25　选择机床

数控铣床 / 加工中心的操作面板由系统操作面板和控制面板组成，系统操作面板如附图 3-26 所示，控制面板如附图 3-27 所示。各按键功能及说明见附表 3-2。

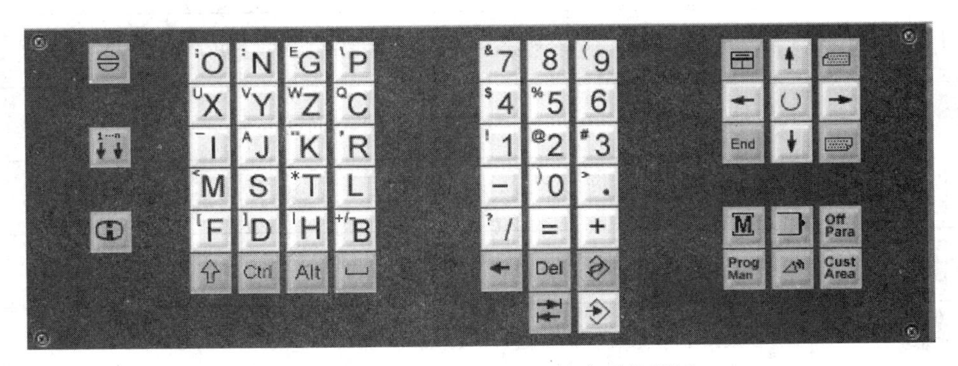

附图 3-26　SIEMENS 802D 铣床系统面板

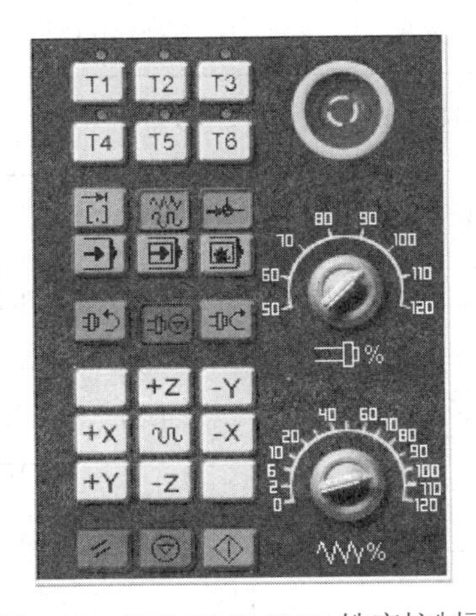

附图 3-27　SIEMENS 802D 铣床控制面板

附表 3-2 SIEMENS 802D 铣床按键功能

按钮	名称	功 能 说 明
	报警应答键	该软件不支持
	通道转换键	该软件不支持
	信息键	该软件不支持
	换档键	对键顶部的两个字符用该键来转换
	空格键	
	删除键	自右向左删除字符
 Del	删除键	自左向右删除字符
	取消键	删除已输入到输入缓冲器的最后一个字符或者符号
	制表键	该软件不支持
	回车 / 输入键	接受一个编辑值；打开文件；打开、关闭一个文件目录
	翻页键	用于在屏幕上朝前、朝后翻一页
 M	加工操作区域键	进入机床操作区域
	程序操作区域键	该软件不支持
 Off Para	参数操作区域键	进入参数操作区域
 Prog Man	程序管理操作区域键	进入程序管理操作区域
	报警 / 系统操作区域键	该软件不支持
	选择转换键	用于单选、多选框
	急停	按下急停按钮，使机床移动立即停止，并且所有的输出都会关闭
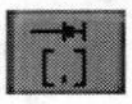	点动距离选择	在单步或手轮方式下，用于选择移动距离
	手动方式	可使刀架手动移动
	回零方式	机床回零；机床必须首先执行回零操作，然后才可以运行

续表

按钮	名称	功能说明
	自动方式	进入自动加工模式
	单段	当此按钮被按下时，运行程序时每次执行一条数控指令
	手动数据输入	单程序段执行模式
	主轴正转	按下此键，主轴开始正转
	主轴停止	按下此键，主轴停止转动
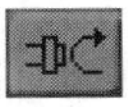	主轴反转	按下此键，主轴开始反转
	快速键	手动方式下，配合坐标轴移动按钮，可快速移动坐标轴
+Y -X +Z	移动键	光标移动键用于光标的不同方向移动
	复位键	用于 CNC 复位，消除报警，主轴故障复位等
	循环保持	程序运行暂停，再按键，恢复运行 
	运行开始	程序运行开始
	主轴倍率修调	光标移至此旋钮上，单击鼠标的左键或右键来调节主轴旋转倍率
	进给倍率修调	调节运行时的进给速度倍率

（3）开机、回参考点操作

按下急停按钮，再将其松开，完成开机操作。

按键进入“回参考点”模式，按+Z键，Z轴将回到参考点，Z轴回参指示灯亮，完成Z轴回参考点操作；依次按+X、+Y键，X轴、Y轴分别回到参考点，回参考点指示灯亮。

（4）对刀操作

对刀的过程就是建立工件坐标系与机床坐标系之间的关系的过程。铣床及加工中心一般是将工件上表面中心点设为工件坐标系原点。

① X、Y轴对刀。选择并安装寻边器于机床主轴上。按操作面板中的键进入“手动”方式；按操作面板上的键，使主轴转动。通过手动方式，使寻边器向工件基准面移动靠近，移动到大致位置后，可采用手轮方式移动工件，按手轮键，将置于X挡，调节手轮移动量旋钮。寻边器偏心幅度逐渐减小，直至上下半截几乎处于同一条轴心线上，如

附图 3-28（a）所示，若此时再进行增量或手动方式的小幅度进给时，寻边器下半部突然大幅度偏移，如附图 3-28（b）所示，即认为此时寻边器与工件恰好吻合。

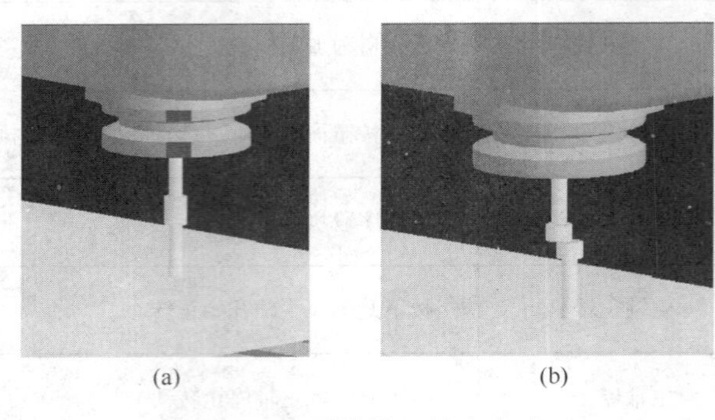

(a)　　　　(b)

附图 3-28　寻边器 *X* 轴方向对刀

将工件坐标系原点到 *X* 方向基准边的距离记为 X_2；将基准工具直径记为 X_4，将 X_2+X_4/2 记为 DX，按软键 测量工件 ，进入“工件测量”界面，如附图 3-29 所示。

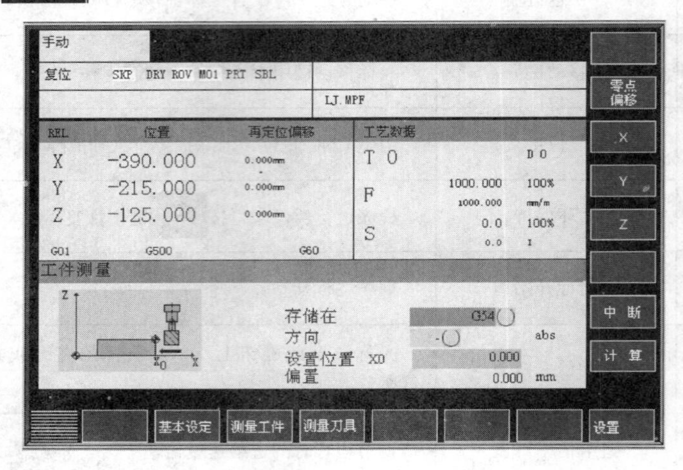

附图 3-29 “工件测量”界面

按 ↑ 或 ↓ 键使光标停留在“存储在”栏中，在系统面板上按 ◡ 键，选择用来保存工件坐标系原点的位置（此处选择了 G54），如附图 3-30 所示。

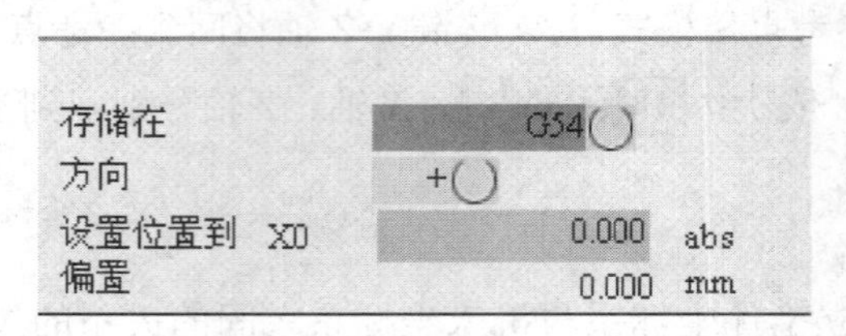

附图 3-30　选择保存工件坐标系

按 ↓ 键将光标移动到“方向”栏中，并通过按 ◡ 键，选择方向（此处应该选择“-”），按 ↓ 键将光标移至“设置位置到 X0”栏中，并在“设置位置 X0”文本框中输入 DX 的值，并按下 ⇒ 键；按软键 计 算 ，系统将会计算出工件坐标系原点的 *X* 分量在机床坐标系中的坐标值，并将此数据保存到参数表中。

Y 方向对刀采用同样的方法。

② Z 轴对刀。铣、加工中心对 Z 轴对刀时采用的是实际加工时所要使用的刀具，用量块检查。

按软键测量工件，进入“工件测量”界面，按软键 Z ，进行如下操作：在系统面板上使用键选择用来保存工件坐标原点的位置（此处选择了 G54），使用键移动光标，在“设置位置 Z0”文本框中输入量块厚度，并按下键；按软键 计 算 ，就能得到工件坐标系原点的 Z 分量在机床坐标系中的坐标，此数据将被自动记录到参数表中。

（5）设定参数

① 设置运行程序时的控制参数。选择待执行的程序，按下控制面板上的自动方式键，若 CRT 当前界面为加工操作区，则系统显示如附图 3-31 所示的界面。软键“程序顺序”可以切换段的 7 行和 3 行显示。软键“程序控制”可设置程序运行的控制选项，如附图 3-32 所示，竖排软键对应的状态说明见附表 3-3。

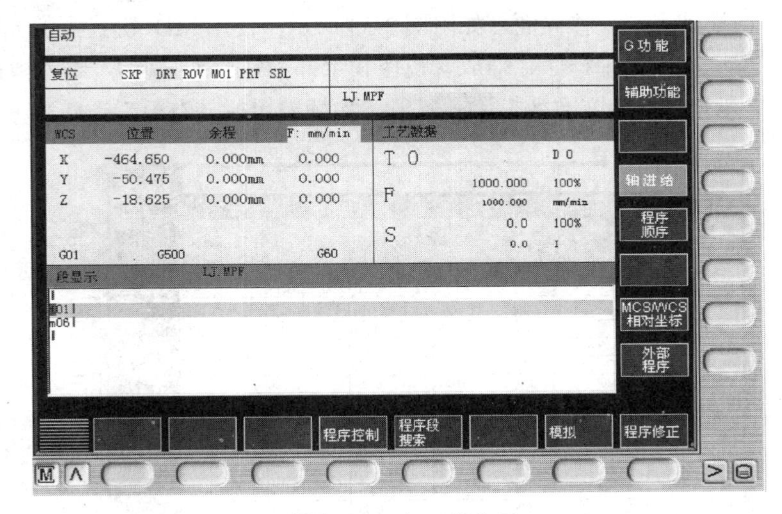

附图 3-31　加工操作区

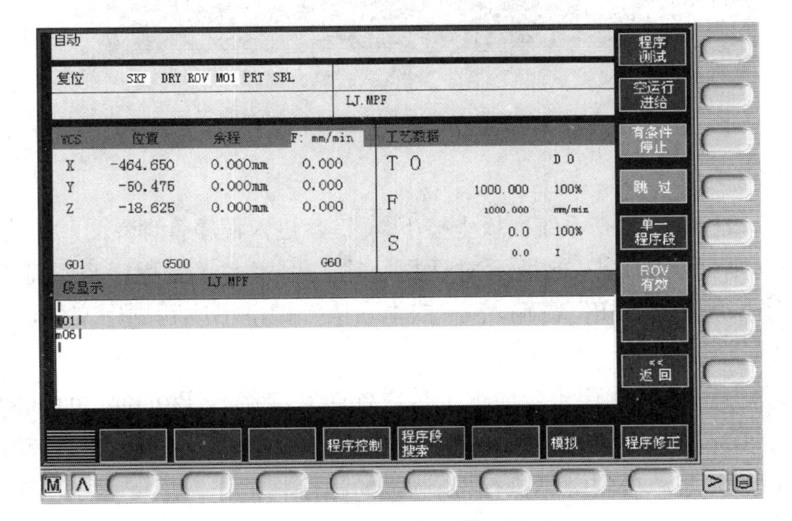

附图 3-32　程序运行控制选项

附表 3-3 程序控制中状态说明

软键	显示	说明
程序测试	PRT	在程序测试方式下所有到进给轴和主轴的给定值被禁止输出，机床不动，但显示运行数据
空运行进给	DRY	进给轴以空运行设定数据中的设定参数运行，执行空运行进给时编程指令无效
有条件停止	M01	程序在执行到有 M01 指令的程序时停止运行
跳过	SKP	前面有斜线标志的程序在程序运行时跳过不予执行，如：/ N100G…
单一程序段	SBL	此功能生效时零件程序按如下方式逐段运行：每个程序段逐段解码，在程序段结束时有一暂停，但在没有空运行进给的螺纹程序段时例外，只有在螺纹程序段运行结束后才会产生一暂停。单段功能中有处于程序复位状态时才可以选择
ROV 有效	ROV	按快速修调键，修调开关对于快速进给也生效

② 输入和修改零偏值。按 MDI 键盘上的“参数操作区域键” OFF，切换到参数区，按软键“零点偏移”切换到零点偏移界面，如附图 3-33 所示。使用 MDI 键盘上的光标键定位到到修改的数据的文本框上（其中程序、缩放、镜像和全部等几栏为只读），输入数值，按 INPUT 键，系统将显示软键“改变有效”，按软键“改变有效”使新数据生效。

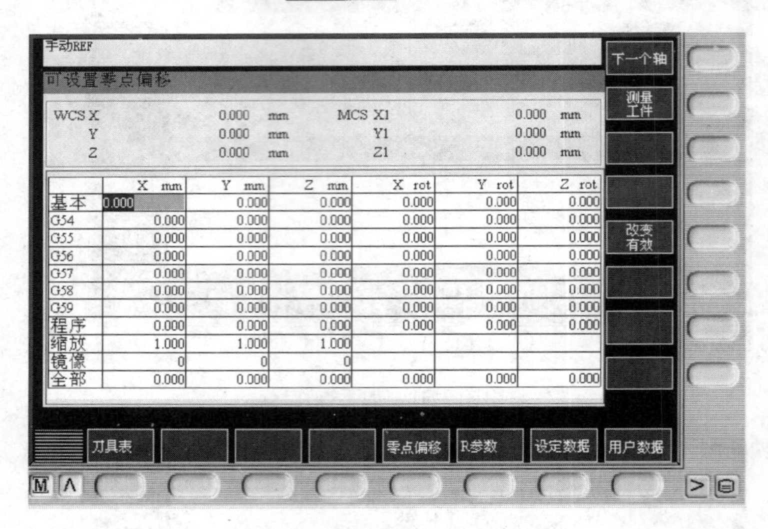

附图 3-33 零点偏移界面

（6）数控程序处理

① 新建一个数控程序。在系统面板上按下 Prog Man 键，进入程序管理界面，如附图 3-34 所示。按下新程序键，则弹出如图 3-35 所示对话框。输入程序名（主程序自动添加“.MPF”为扩展名，子程序扩展名“.SPF”需输入），按“确认”键，生成新程序文件，并进入到编辑界面。

② 选择待执行的程序。在系统面板上按“程序管理器”（Program manager）键 Prog Man，系统将进入如附图 3-36 所示的界面，显示已有程序列表。用光标键 ↑、↓ 移动选择条，在目录中选择要执行的程序，按软键“执行”，选择的程序将被作为运行程序，在 POSITION 域中右上角将显示此程序的名称。按其他主域键，如 POSITION M，切换到其他界面。

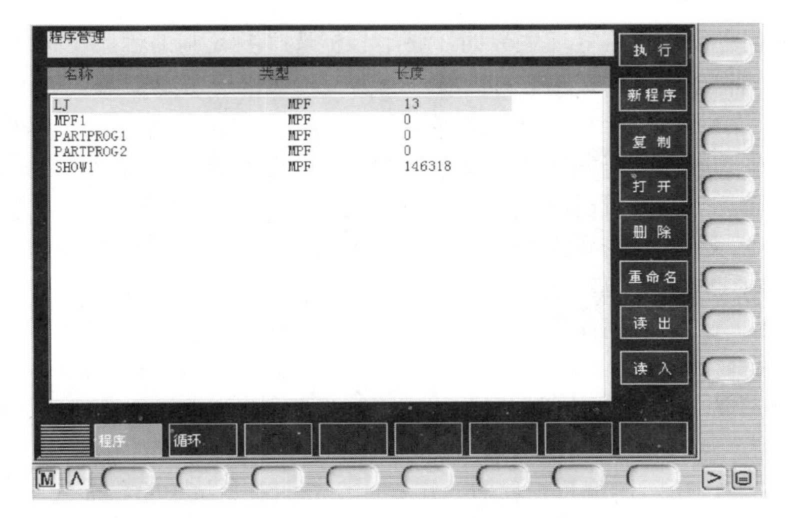

附图 3-34　程序管理界面

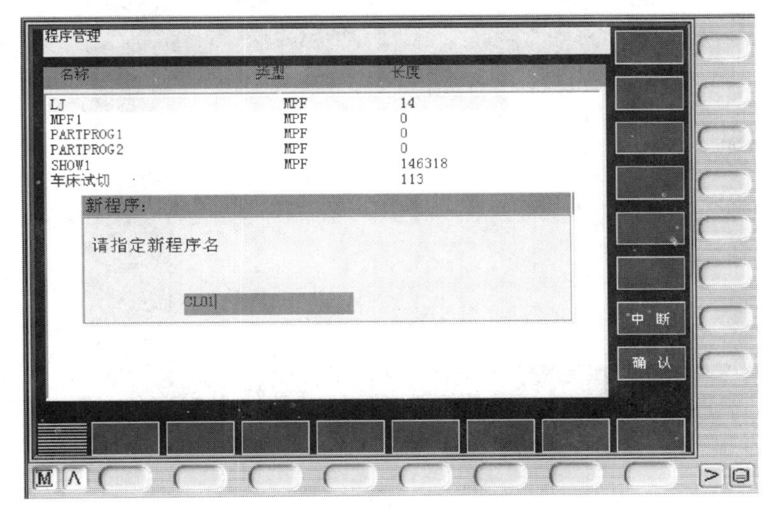

附图 3-35　新建程序对话框

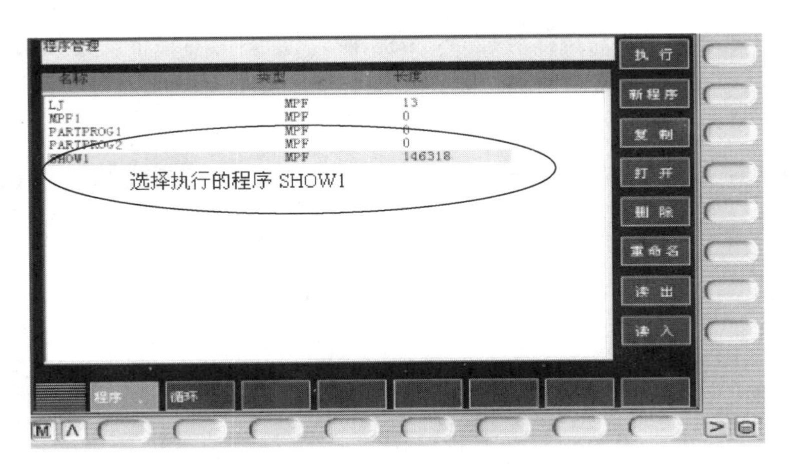

附图 3-36　程序列表

③ 程序复制。进入程序管理主界面，使用光标选择要复制的程序。按软键，打开复制对话框，标题上显示要复制的程序，输入程序名（子程序扩展名“.SPF”需输入），按“确认”键，复制原程序到指定的新程序名，关闭对话框并返回到程序管理界面。

④ 删除程序。进入到程序管理主界面，按光标键选择要删除的程序，按软键“删除”，打开删除对话框。按光标键选择选项，第一项为刚才选择的程序名，表示删除这一个文件，第二项“删除全部文件”表示要删除程序列表中所有文件。按“确认”键，将根据选择删除类型删除文件并返回程序管理界面。

⑤ 重命名程序。进入到程序管理主界面，按光标键选择要重命名的程序，按软键“重命名”，打开重命名对话框。输入新的程序名（子程序扩展名“.SPF”需输入），按“确认”键，源文件名更改为新的文件名并返回到程序管理界面。

⑥ 程序编辑。在程序管理主界面，选中一个程序，按软键“打开”或按“INPUT”键，进入如附图 3-37 所示的编辑主界面。在其他主界面下，按下系统面板的键，也可进入到编辑主界面，其中程序为以前载入的程序。编辑选中的程序即可。

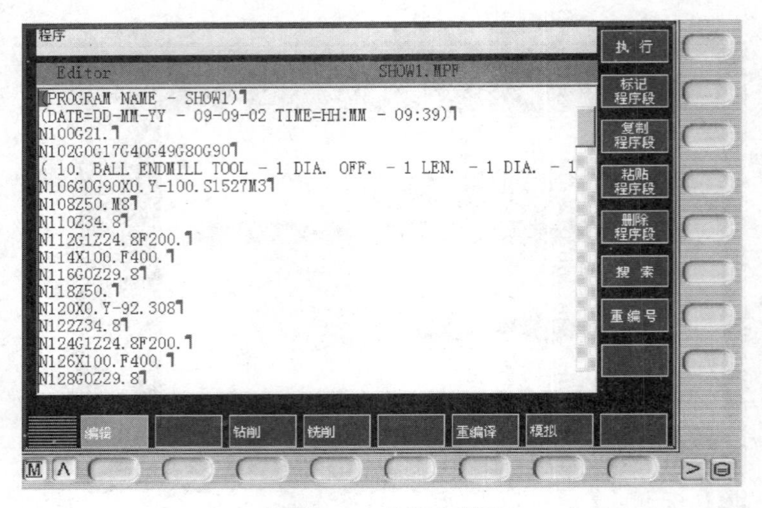

附图 3-37 编辑主界面

⑦ 搜索程序。切换到程序编辑界面，参考编辑程序。按软键“搜索”，打开如附图 3-38 所示的搜索文本对话框。若需按行号搜索，按软键“行号”，对话框变为如附图 3-39 所示的对话框。按“确认”键。搜索文本时，若搜索不到，主界面无变化，在底部显示“未搜索到字符串”；搜索行号时，若搜索不到，光标停到程序尾。

附图 3-38 搜索对话框（一）

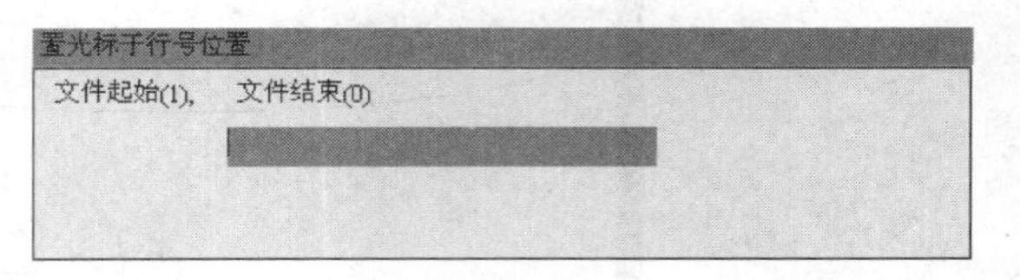

附图 3-39 搜索对话框（二）

⑧ 程序段搜索。使用程序段搜索功能查找所需要的零件程序中的指定行，且从此行开始执行程序。按下控制面板上的自动方式键切换到如附图 3-40 所示的自动加工主界面。按软键“程序段搜索”切换到如附图 3-41 所示的程序段搜索窗口，若不满足前置条件，此

软键按下无效。按软键“搜索断点”，光标移动到上次执行程序中止时的行上；按软键“搜索”，可从当前光标位置开始搜索或从程序头开始，输入数据后，按软键确认，则跳到搜索到的位置。按软键“启动搜索”，界面回到自动加工主界面下，并把搜索到的行设置为运行行。使用“计算轮廓”可使机床返回到中断点，并返回到自动加工主界面。

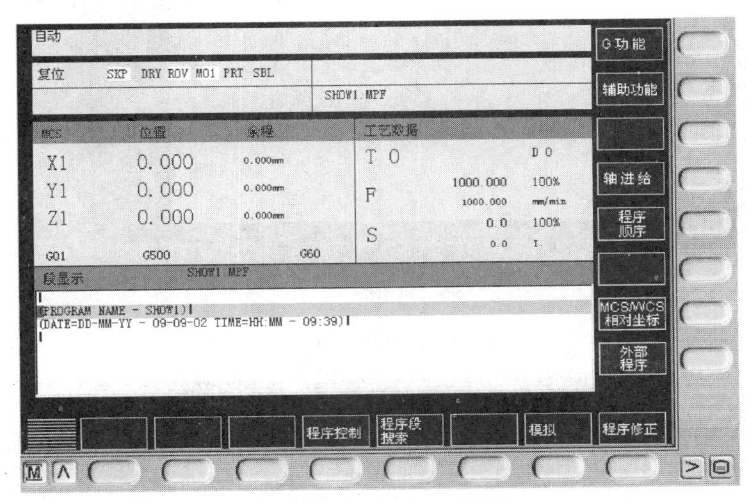

附图 3-40 自动加工界面

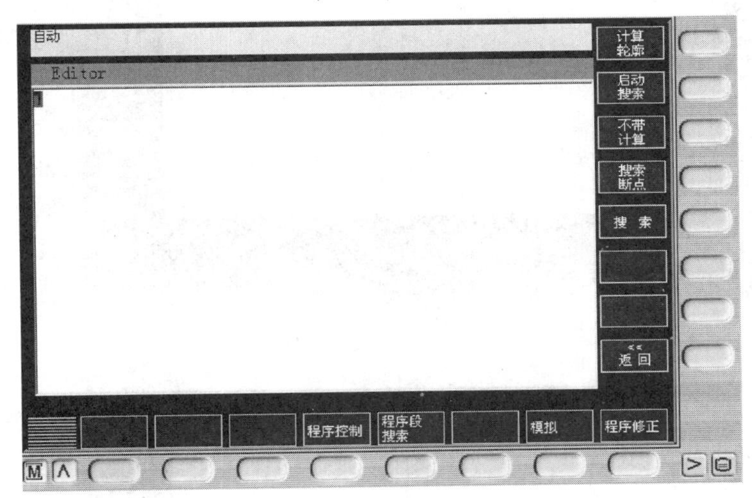

附图 3-41 程序段搜索窗口

注：若已使用过一次“启动搜索”，则按“启动搜索”时，会弹出对话框，警告不能启动搜索，需按 RESET 键后才可再次使用“启动搜索”。

⑨ 插入固定循环。按 Prog Man 键进入程序管理面板如附图 3-42 所示。按键盘上的方位键，按界面右侧的参数栏 打 开 软键，进入如附图 3-43 所示界面。

在程序界面中可看到 钻削 与 铣削 软键，按软键 钻削 进入如附图 3-44 所示的钻削程序。在此界面中有 铰 孔 、镗 孔 、钻 削 带停顿 等不同程序类型对应的软键，若想调用某类型的程序则按相应的软键，即可进入相应的固定循环程序参数设置界面，输入参数后，按软键 确 认 确认，即可调用该程序。例如，若调用钻中心孔程序，则按软键 铰 孔 进入如附

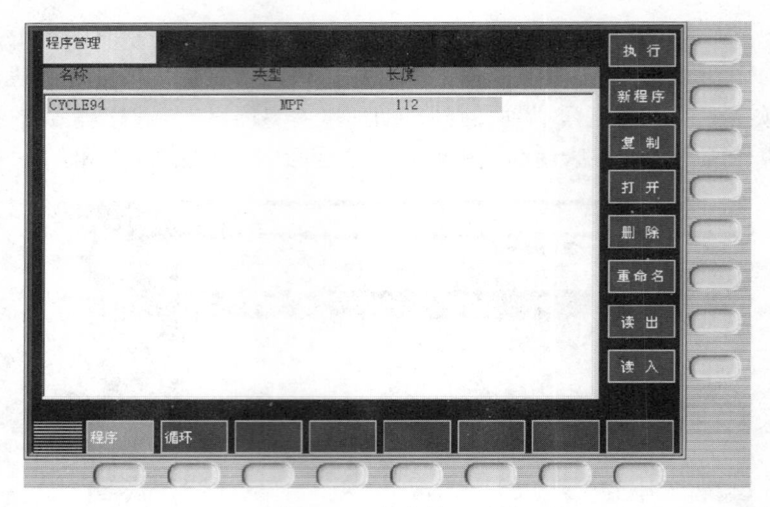

附图 3-42　程序管理面板

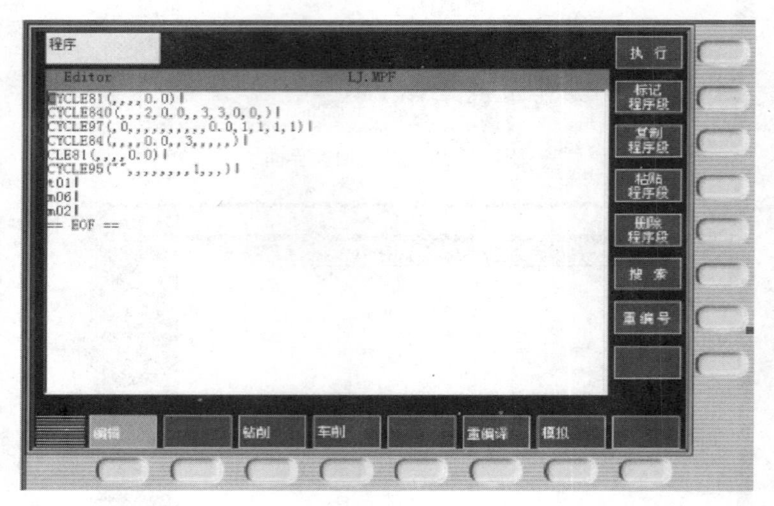

附图 3-43　参数栏界面

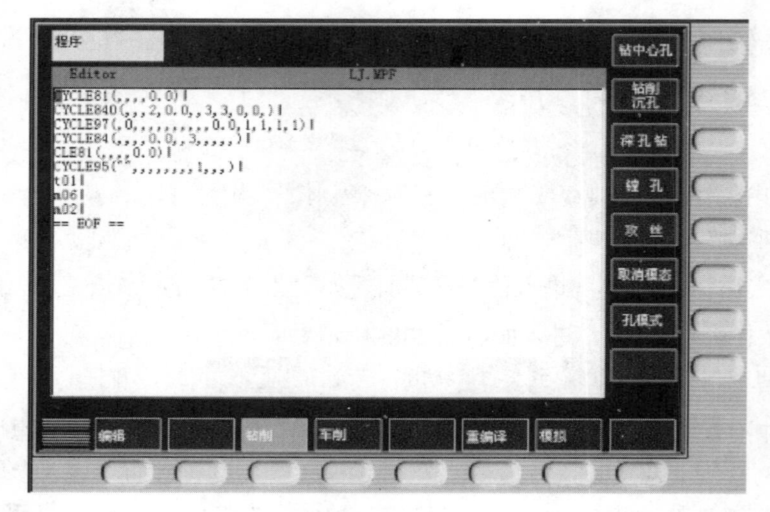

附图 3-44　钻削程序

图3-45界面，在此界面的左上角，可看到为实现钻中心孔操作，系统自动调用的程序的名称："CYCLE85"。按键盘界面右侧上的方位键↑和↓，使光标在各参数栏中移动，输入参数后，按软键确认确认，即可调用该程序。

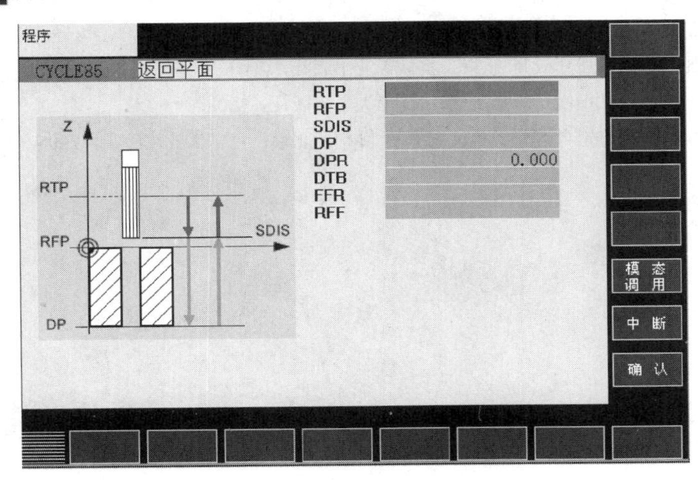

附图3-45　固定循环调用窗口

（7）自动加工

① 自动/连续方式。选择待执行的程序，按下自动方式键，在左上角显示当前操作模式（"自动"），按启动键开始执行程序。程序执行完毕，按复位键中断加工程序，再按启动键则从头开始。

② 自动/单段方式。按操作面板上的键，使其指示灯变亮，机床进入自动加工模式。按操作面板上的键，使其指示灯变亮。每按一次"运行开始"键，数控程序执行一行，可以通过主轴倍率旋钮和进给倍率旋钮来调节主轴旋转的速度和移动的速度。

③ 中断运行。数控程序在运行过程中可根据需要暂停、停止、急停和重新运行。

数控程序在运行过程中，按"循环保持"键，程序暂停运行，再次按"运行开始"键，程序从暂停行开始继续运行。

数控程序在运行过程中，按"复位"键，程序停止运行，机床停止，再次按"运行开始"键，程序从暂停行开始继续运行。

数控程序在运行过程中，按"急停"键，数控程序中断运行，继续运行时，先将"急停"键松开，再按"运行开始"键，余下的数控程序从中断行开始作为一个独立的程序执行。

（8）检查运行轨迹

在自动运行方式且已经选择了待加工的程序的条件下，按键，在自动模式主界面下，按软键"模拟"或在程序编辑主界面下按"模拟"软键，系统进入模拟界面。按键开始模拟执行程序。

（9）关机操作

将各轴X、Y、Z手动移动到机床导轨中间部位，按下"急停"按钮，关闭机床总电源。

参 考 文 献

［1］FTC-20L USER MANUAL 使用手册．杭州友嘉精密机械有限公司．2004．

［2］SINUMERIK 802S/C base line 编程与操作—用户文献．西门子（中国）有限公司．2005．

［3］杨断宏．数控加工工艺手册［M］．北京：化学工业出版社，2002．

［4］本书编委会．数控加工技师手册［M］．北京：机械工业出版社，2003．

［5］袁宗杰，等．数控工艺员考试指南［M］．北京：清华大学出版社，2008．

［6］沈建峰，等．数控车床技能鉴定考点分析和试题集萃［M］．北京：化学工业出版社，2006．